"十四五"高等院校国家规划应用型专业教材

单片机开发及应用实战教程
——基于 STC89C52+Keil C51+Proteus

唐 明 魏 雨 主 编

U0259463

天津大学出版社

TIANJIN UNIVERSITY PRESS

图书在版编目(CIP)数据

单片机开发及应用实战教程：基于STC89C52+Keil C 51+Proteus / 唐明, 魏雨主编. -- 天津：天津大学出版社, 2023.9

"十四五"高等院校国家规划应用型专业教材

ISBN 978-7-5618-7582-7

Ⅰ.①单… Ⅱ.①唐… ②魏… Ⅲ.①微控制器－系统开发－高等学校－教材 Ⅳ.①TP368.1

中国国家版本馆CIP数据核字(2023)第164993号

出版发行	天津大学出版社	
地　　址	天津市卫津路92号天津大学内（邮编:300072）	
电　　话	发行部:022-27403647	
网　　址	www.tjupress.com.cn	
印　　刷	天津泰宇印务有限公司	
经　　销	全国各地新华书店	
开　　本	787 mm×1092 mm　　1/16	
印　　张	15.75	
字　　数	393千	
版　　次	2023年9月第1版	
印　　次	2023年9月第1次	
定　　价	46.00元	

前　言

单片机,顾名思义是在单块芯片上集成的整个计算机系统,其相当于一台微型的计算机。作为嵌入式和工业控制的核心部件,单片机有非常广泛的应用,小到仪器仪表,大到军工国防、航天航空控制系统。单片机在智能仪表、实时工控、通信设备、汽车电子、医疗及军事领域的智能化及实时控制方面应用范围十分广阔。随着人工智能、物联网技术的发展,我国大力推进 5G、智能控制、自动化控制、电子信息等技术的发展,市场对嵌入式人才的需求与日俱增,目前我国嵌入式人才需求的缺口巨大。单片机技术作为计算机、电子信息、自动化、物联网等专业嵌入式方向的重要基础内容,是学生进入嵌入式行业前必须掌握的基础技术。

习近平总书记在党的二十大报告中强调,必须坚持科技是第一生产力、人才是第一资源、创新是第一动力,深入实施科教兴国战略、人才强国战略、创新驱动发展战略,开辟发展新领域新赛道,不断塑造发展新动能新优势。我们一定要牢记习近平总书记多次强调的"空谈误国,实干兴邦",培养能够堪当民族复兴重任的新时代工科人。

近年来,西安培华学院积极响应国家对于人才培养的各项方针政策,顺应国家教育综合改革新要求,紧密围绕应用型本科转型发展,进行系统变革和探索,不断创新人才培养模式,深入开展课堂教学改革和应用型课程建设,目的是培养满足社会经济发展需要的应用型本科专业人才。本教材是西安培华学院的校级立项自编教材。本教材的内容以应用型人才培养为导向,以专业技能和综合素质培养为主线,以市场需求为目标,以技能训练为本位,全面加强实践教学,使学生在实践中学习基础知识、学会基本应用,初步具备研究、解决工程中的实际问题的能力。本教材力求在实际应用过程中强化知识学习,使学生具备熟练的操作技能和较高的综合素质。

本教材的核心理念是基于教学任务工作化进行课程设计,由传统的知识导向转为行动导向,内容排序由知识逻辑为主线转向职业行动为主线,需要什么就学习什么,实现由知识储备到知识应用的转变,最终实现培养学生应用能力的目标。全书包含 7 章,第 1 章为绪论,第 2 章介绍单片机开发环境搭建,第 3 章至第 7 章分别对应定时电子沙漏、矩阵键盘密码锁、智能小车、智能环境监测系统 4 个单片机开发综合性项目和进阶项目。本教材中的项目均按照电子产品开发由易到难的顺序进行设置。每个项目又分为若干个子项目(任务),每个任务的实施过程都包含电子产品开发的全过程,即任务目标、元器件选型、知识准备、电路设计、程序代码,力求实现需要什么则学习什么、训练什么。此外,每个任务都包含综合性项目的若干知识模块及技能模块,力求让学生在重复的工作过程中,逐步融会知识点及技能点。在任务完成后,通过综合性项目对学生综合应用知识及技能的能力进行测试,同时也是对其阶段性学习效果的检验。在学习单片机过程中,建议学生在完成教材项目的基础上主动创新,多动手实践,发挥主观能动性,拓宽思维,开阔眼界。

习近平总书记在全国高校思想政治工作会议上指出:"其他各门课都要守好一段渠、种好责任田,使各类课程与思想政治理论课同向同行,形成协同效应。"单片机是所有与电有关的工科专业的核心课程,因此本教材在专业课教学内容中融入了思想政治教育元素,以激发学生的学习热情,提升学生的思想政治素质,培养学生成为具有社会责任感和过硬专业能力,且可以推动我国智能控制技术发展的高级专业人才,从而达到专业与思政协同育人的目标。

本教材由西安培华学院的唐明、魏雨编著。本教材的第1、3、6章及第7章进阶项目的任务1—3由魏雨执笔,第2、4、5章及第7章进阶项目的任务4由唐明执笔。在本教材编写过程中,王钱、王鹏欢、万鹏程、安梦赫、武晨希给予了各种支持与帮助,在此表示感谢。

由于编写时间紧,加之作者水平有限,书中难免有不足之处,恳请读者批评指正。

编者

2023 年 1 月

目　　录

第 1 章 绪论

学习目标

- 了解单片机的概念及其特点。
- 熟悉单片机的体系结构和最小系统的组成。
- 掌握单片机的引脚功能。
- 掌握单片机开发中的基础知识。

能力目标

能够正确完成单片机最小系统的焊接。

思政目标

激发学生的爱国热情,增强民族自信心。

1.1 单片机概述

1.1.1 单片机的基本概念

单片机,也称为微控制器,是一个集成在单块芯片上的完整计算机系统。单片机由超大规模集成电路技术制造,将完整计算机所需要的大部分部件,包括 CPU、内存、内部和外部总线系统,集成在一块小芯片上。目前大部分单片机还具有外存,同时集成诸如通信接口、定时器、实时时钟等外围设备。单片机是一种典型的嵌入式计算机系统,目前最强大的单片机系统还集成了声音、图像、网络、复杂的输入输出系统等。

微型计算机技术和集成电路技术的发展使以微处理器为核心的微型计算机得到了充分发展。随着嵌入式计算机系统的出现,单芯片计算机以一片硅片为载体,开启了单片机时代。单片机的设计理念是将大量外围设备和 CPU 集成在一个芯片中,使计算机系统更小,更容易应用在复杂且体积要求严格的控制设备中。

单片机作为计算机发展的一个重要分支领域,根据适用范围、是否提供并行总线及应用场景,可以按照通用型和专用型、总线型和非总线型及工控型和家电型进行分类。

(1)按适用范围分类

按适用范围,单片机可以分为通用型单片机和专用型单片机。通用型单片机的内部资源丰富,应用范围广,如 MCS-51 系列单片机。这类单片机不是为某种专门用途设计的,通过扩展不同的外部器件可以用在不同的设备中;专用型单片机是专门针对某一产品设计并生产的,具有明确的用途,出厂时程序已经一次性固化好,不能再修改,如电子体温计、数字电压表等电子产品中的单片机。

（2）按是否提供并行总线分类

按是否提供并行总线，单片机可以分为总线型单片机和非总线型单片机。总线型单片机一般配备有并行地址总线、数据总线、控制总线外部引脚，其中外部引脚用于扩展并行外围器件，并且都可通过串行接口与单片机连接；非总线型单片机将所需要的外围器件及外设接口集成在一个芯片内，省去了原有用于扩展的并行总线，减少了封装成本，缩小了芯片体积。

（3）按应用场景分类

按应用场景，单片机可以分为工控型单片机和家电型单片机。工控型单片机主要面向的是测控领域，特点是寻址范围大、运算能力强，大多为32位单片机；家电型单片机多为专用型，特点是封装小、价格低、外围器件和外设接口集成度高，大多为8位单片机。

单片机的性能强大，种类丰富，应用领域十分广泛。大到大型工业重型机械，小到小型家电产品，单片机的应用带来的是更多、更丰富的功能，一旦使用了单片机，普通产品就能升级为智能产品，为人们的生活带来便利。

1.1.2　单片机的特点

由于单片机具有优越的性能，其应用已经深入人们生活的各个领域。单片机的特点主要包括以下几个方面。

（1）体积小、集成度高、可靠性高

单片机把各功能部件集成在一个芯片上，集成度很高，可以方便地嵌入各种电子设备。另外，单片机内部采用总线结构，减少了各芯片之间的连线。同时，单片机能够适应的温度范围宽，能够在各种恶劣的环境中正常工作，其可靠性与抗干扰能力都很强。

（2）控制功能强

单片机的实时控制功能很强，其CPU可以对输入/输出（I/O）端口直接进行操作，能够实时响应事件且处理速度快，具有的位操作能力更是其他计算机无法比拟的。对单片机进行开发时，使用汇编或C语言进行编程，开发周期短。同时，单片机的性能远高于同一档次的微型计算机。此外，单片机具有丰富的控制指令，可以对逻辑功能复杂的系统进行控制。

（3）低电压、低功耗，易于产品化

许多单片机可在5 V或3 V的电压下运行，部分单片机甚至可在低于2.2 V的电压下运行，且工作电流仅为数百微安，一颗纽扣电池就可作为电源支持其较为长期的运行。单片机的种类繁多，实际应用中可以根据应用需求进行匹配和选择。产品封装多元化，以及低电压、低功耗等特点使单片机非常容易应用于实际产品。

（4）具有丰富的I/O接口，易于扩展

单片机片内具有支持微型计算机正常运行的必要部件。在单片机芯片的外部，有许多供单片机系统扩展用的三总线及并行、串行I/O总线的管脚，便于构成各种规模的单片机应用系统。

（5）成本低

一方面，单片机的硬件结构简单、开发周期短、控制功能高、可靠性高、运行速度快和频率高,具有非常强的性能。另一方面,由于单片机的应用范围广,销量极大,各大公司的商业竞争更使其价格十分低廉。因此,在达到同样性能的条件下,用单片机开发的控制系统比用其他类型的微型计算机开发的控制系统价格更低。

1.1.3　发展概况

单片机诞生于 1971 年,经历了单片微型计算机(SCM)、微控制器(MCU)、片上系统(SoC)三大阶段。早期的 SCM 单片机均为 8 位或 4 位系统。其中,最成功的是 Intel 的 8031 系列,此后在 8031 上发展出了 MCS-51 系列 MCU 系统。基于这种 MCU 的单片机系统直到今天还在广泛使用。随着工业控制领域要求的提高,开始出现了 16 位单片机,但因为性价比不理想并未得到很广泛的应用。20 世纪 90 年代后,随着消费电子产品大发展,单片机技术得到了巨大提高。随着 Intel i960 系列特别是后来的 ARM 系列单片机的广泛应用,32 位单片机迅速取代 16 位单片机的高端地位,并且进入主流市场。

传统的 8 位单片机的性能也得到了飞速提高,处理能力比起 20 世纪 80 年代的产品提高了数百倍。目前,高端的 32 位 SoC 单片机主频已经超过 300 MHz,性能直追 20 世纪 90 年代中期的专用处理器,而普通型号的出厂价格跌落至 1 美元,最高端的型号也只售 10 美元。

当代单片机系统已经不仅仅在裸机环境下开发和使用,大量专用的嵌入式操作系统被广泛应用在全系列的单片机上。而作为掌上电脑和手机的核心处理器的高端单片机甚至可以直接使用专用的 Windows 和 Linux 操作系统。

(1)单片机的发展阶段

单片机由运算器、控制器、存储器、输入/输出设备构成。对单片机的理解可以从单片微型计算机、单片微控制器,延伸到单片系统,其发展主要包含以下几个阶段。

1)早期发展阶段,又称 SCM 阶段。SCM,即单片微型计算机(Single Chip Microcomputer),主要寻求最佳的单片形态嵌入式系统体系结构。SCM“创新模式”的成功,奠定了其与通用计算机完全不同的发展道路。在开辟嵌入式系统独立发展的道路上,美国 Intel 公司做出了重要贡献。

2)中期发展阶段,又称 MCU 阶段。MCU,即微控制器(Micro Controller Unit),主要技术发展方向是不断扩展嵌入式应用,发展对象系统要求的各种外围电路与接口电路,突显智能化控制能力。MCU 所涉及的领域都与对象系统相关,因此,发展 MCU 的重任不可避免地落在电气、电子技术厂家。从这一角度来看,Intel 逐渐淡出 MCU 的主流市场也有其客观原因。在发展 MCU 技术方面,最著名的厂家为荷兰 Philips 公司。

Philips 公司以其在嵌入式应用方面的巨大优势,将 MCS-51 从单片微型计算机迅速发展为微控制器。因此,当我们回顾嵌入式系统发展道路时,不能忘记 Intel 和 Philips 的历史功绩。

3)当前发展阶段,代表产品是片上系统(System-on-a-Chip,SoC)。在向 MCU 阶段发展过程中,一个重要因素就是寻求应用系统所需功能在芯片上的最大化解决。因此,专用单片机的不断发展自然导致了单片机 SoC 化的趋势。随着微电子技术、集成电路芯片(IC)设计、电子设计自动化(EDA)工具的发展,基于 SoC 的单片机应用系统有了较大发展。

（2）单片机发展历史

1971 年，Intel 公司研制出世界上第一个 4 位的微处理器——Intel 4004。Intel 4004 的出现标志着第一代微处理器的问世，微处理器和微机时代从此开始。因发明微处理器，Intel 公司的工程师霍夫被英国《经济学家》杂志列为"第二次世界大战以来最有影响力的 7 位科学家"之一。

1971 年 11 月，Intel 推出 MCS-4 微型计算机系统，包括 4001 只读程序储存器（ROM）芯片、4002 随机存取储存器（RAM）芯片、4003 移位寄存器芯片和 4004 微处理器。其中，4004 包含 2 300 个晶体管，尺寸规格为 3 mm×4 mm，计算性能远远超过当年的 ENIAC（埃尼阿克），最初售价为 200 美元。

1972 年 4 月，霍夫等开发出世界上第一个 8 位微处理器 Intel 8008。由于 8008 采用的是 P 沟道 MOS 工作原理，因此仍属第一代微处理器。

1973 年 8 月，Intel 公司研制出 8 位微处理器 Intel 8080，其以 N 沟道 MOS 电路取代了 P 沟道金属氧化物半导体（MOS）电路。至此，第二代微处理器诞生。主频为 2 MHz 的 8080 运算速度比 8008 快 10 倍，可存取 64 kB 的存储器，包含了基于 6 μm 工艺加工的 6 000 个晶体管，处理速度为 0.64 MIPS（Million Instructions Per Second，每秒百万指令）。

1975 年 4 月，MITS 发布通用型计算机 Altair 8800，售价为 375 美元，带有 1 kB 存储器。Altair 8800 是世界上第一台微型计算机。

1976 年，Intel 公司研制出 MCS-48 系列 8 位单片机，标志着单片机的问世。

1976 年，Zilog 公司开发了 Z80 微处理器，广泛用于微型计算机和工业自动控制设备。当时，Zilog、Motorola 和 Intel 在微处理器领域形成三足鼎立的局面。

20 世纪 80 年代初，Intel 公司在 MCS-48 系列单片机的基础上，推出了 MCS-51 系列 8 位高档单片机。与以往产品相比，MCS-51 系列单片机无论在片内 RAM 容量、I/O 接口功能，还是在系统扩展方面都有了很大提高。

> **思政要点：**通过对芯片发展历史的介绍，结合华为、中兴等被美国列入"实体清单"事件，激发学生的爱国情怀以及为祖国芯片事业贡献力量的决心。

1.1.4　应用领域

单片机具有体积小、控制功能强、功耗低、环境适应能力强、扩展灵活和使用方便等优点，用单片机可以构成形式多样的控制系统、数据采集系统、通信系统、信号检测系统、无线感知系统、测控系统、机器人等系统。单片机广泛应用于仪器仪表、家用电器、医用设备、航空航天、专用设备的智能化管理及过程控制领域，具体应用大致可分如下几个范畴。

（1）在智能仪器仪表上的应用

单片机具有体积小、功耗低、控制功能强、扩展灵活、微型化和使用方便等优点，广泛应用于仪器仪表。单片机通过结合不同类型的传感器，可实现诸如电压、电流、功率、频率、湿度、温度、流量、速度、厚度、角度、长度、硬度、压力等物理量的测量。采用单片机控制，可使仪器仪表数字化、智能化、微型化，且其功能比电子或数字电路更加强大。单片机控制的智能仪器仪表包括精密的测量设备、功率计、示波器、各种分析仪等。

（2）在工业控制中的应用

用单片机可以构成形式多样的控制系统、数据采集系统,如工厂流水线的智能化管理系统、智能化电梯控制系统、各种报警系统、与计算机联网构成的二级控制系统等。

（3）在家用电器中的应用

可以这样说,现在的家用电器均采用单片机控制,从电饭煲、洗衣机、电冰箱、空调机、彩电,到音响、视频器材,再到电子称量设备,五花八门,无所不在。

（4）在计算机网络和通信领域中的应用

现在的单片机普遍具备通信接口,可以方便地与计算机进行数据通信,这为单片机在计算机网络和通信设备中的应用提供了极好的硬件条件。现在的通信设备基本上实现了单片机智能控制,从固定电话机、小型程控交换机、楼宇自动通信呼叫系统、列车无线通信系统,到日常工作中随处可见的移动电话、集群移动通信、无线电对讲机等。

（5）在医用设备中的应用

单片机在医用设备中的用途相当广泛,如呼吸机、分析仪、监护仪、超声诊断设备及病床呼叫系统等。

除此之外,单片机在工商、金融、科研、教育、国防、航空航天等领域也有着十分广泛的应用。

> **思政要点**:通过介绍单片机在我国的发展及应用状况,使学生充分认识到我国单片机技术在不断地发展壮大,而这一切得益于我们国家的繁荣稳定,根本原因在于我们坚持中国共产党的领导,坚持走中国特色社会主义道路。

1.1.5 发展趋势

如今,世界各大芯片制造公司都推出了自己的单片机产品,从 8 位、16 位到 32 位,应有尽有。这些单片机有与主流的 80C51 系列（兼容 Intel 8051 指令系统的单片机）兼容的,也有不兼容的,但它们各具特色,形成互补。

纵观单片机的发展过程,可以推断单片机的发展趋势大致有以下几个。

（1）低功耗化

MCS-51 系列的 8031 推出时,其功耗高达 630 mW,而现在的单片机的功耗普遍都在100 mW 左右。随着对单片机功耗要求越来越严格,如今各单片机制造商的单片机产品基本采用 CMOS（互补金属氧化物半导体）工艺。使用 CMOS 工艺后虽然功耗较低,但由于其物理特征的限制,单片机的工作频率不够高。因此, CHMOS（互补高密度金属氧化物半导体）工艺应运而生。例如, 80C51 系列就采用了 HMOS（高密度金属氧化物半导体）和CHMOS 工艺。由 CHMOS 工艺制造的单片机具有高速和低功耗的特点,使采用该工艺的单片机更适合于要求低功耗（电池供电）的应用场合。所以 CHMOS 工艺将是今后一段时期单片机制造的主流工艺。

（2）微型单片化

现在的常规单片机普遍在单一芯片上集成了 CPU、随机存取储存器（RAM）、只读程序存储器（ROM）、并行和串行通信接口、中断系统、定时电路、时钟电路，而增强型单片机还集成了如模拟/数字（A/D）转换器、脉宽调制（PMW）电路、WDT（"看门狗"）。此外，有些单片机还将液晶显示（LCD）驱动电路集成在单一芯片上。这样就使单片机包含的单元电路越来越多，功能越来越强。有些单片机厂商还可根据用户的要求量身定制单片机，制造出符合用户需求特征的定制化单片机产品。

此外，现在的工业产品普遍要求体积小、质量轻，这导致由单片机构成的控制系统朝微型化方向发展，不仅要求单片机具有功能强和功耗低的特点，还对其封装尺寸有更高要求。现在，单片机有多种不同的封装形式，其中表面封装器件（SMD）单片机越来越受欢迎。

（3）主流为主、种类多样

虽然单片机的品种繁多，各具特色，但以 80C51 为核心的单片机仍占市场主流（市场份额约占 50%），兼容其结构和指令系统的有 Philips 公司的产品，Atmel 公司的产品和 Winbond 公司的产品。Microchip 公司的精简指令集（RISC）PIC 单片机也有着强劲的发展势头。近年来，Holtek 公司的单片机产量与日俱增，其以低价质优的优势，也占据了一定市场份额。此外，还有 Motorola 公司和日本一些公司的专用单片机产品。可以预见，在一定时期内，80C51 为主、百家争鸣的情形将得以延续，难以形成某种单片机一统天下的垄断局面，单片机产品将走向依存互补、相辅相成、共同发展的道路。

我国最开始使用单片机是在 1982 年，其在短短五年时间里发展极为迅速。1986 年，全国首届单片机开发与应用交流会在上海召开，有些地区还成立了单片微型计算机应用协会。1982—1986 年是我国单片机发展的第一次高潮。此后，单片机应用技术飞速发展。截至今日，我们在因特网上输入"单片机"进行搜索，仍将出现上万个介绍单片机的网站，这还不包括国外网站。此外，也有很多与单片机相关的专业杂志，最具代表性的是《单片机与嵌入式系统应用》。2003 年 7 月，在上海、广州、北京等大型城市所做的一项专业人才需求调查中，单片机人才的需求量位居第一。

1.2　单片机最小系统

1.2.1　单片机内部结构

8051 单片机将控制应用所需的所有功能部件全部集成在一个芯片上，其内部结构如图1.1 所示。8051 单片机的内部结构与一台计算机的主机非常相似，包含了作为微型计算机所必需的所有基本功能部件。

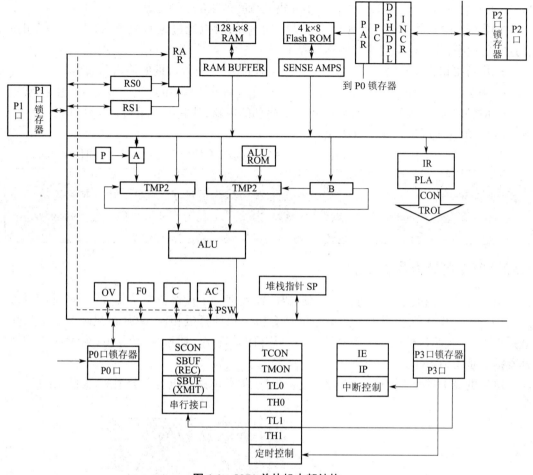

图 1.1　8051 单片机内部结构

8051 单片机的微处理器相当于计算机中的 CPU,由运算器和控制器两部分构成;RAM 相当于计算机的内存,负责存储程序运行时的中间数据;ROM 相当于计算机的硬盘,掉电后其内部的数据不会消失,用来保存程序代码;8051 单片机有 4 组并行 I/O 接口,分别为 P0 端口、P1 瑞口、P2 端口和 P3 端口,每组 I/O 接口有 8 根线;8051 单片机有 1 个串行接口(UART),使用 2 根线进行数据通信。并行接口和串行接口相当于计算机的多功能接口,用于连接其他输入、输出设备。此外,8051 单片机的定时/计数器(T/C)类似于运动场上裁判员使用的秒表,用于对系统内部时钟或外部脉冲信号进行计数;中断系统(INT)就像电梯上的紧急按钮,可以暂停主程序的运行,使程序转向处理突发事件;特殊功能寄存器相当于多组开关,用于对单片机功能进行设置。

8051 单片机内部有 8 个基本功能组件,也可以称为单片机内部的 8 大系统。在对单片机进行设计与应用之前,应该先了解并掌握这些基本功能组件,以便进一步对其进行操控。

1)中央处理器(CPU),是单片机的核心,它可以产生信号,作用是从程序存储器(ROM)读取指令和数据,并按照指令进行数据运算,最后将结果存入数据存储器。

2)程序存储器(ROM),用于存储指令和常用表格。

3）数据存储器（RAM），用于保存单片机运行时产生的各种数据。

4）定时/计数器（T/C），是具有计数功能的电路，可以通过定时或计数，让 CPU 终止正在运行的程序，并执行特定安排的其他程序。

5）串行接口，是单片机与外部设备进行通信的接口，负责数据的输入和输出。

6）中断系统，可以发出信号让 CPU 终止正在运行的程序，单片机一般有 5 个中断源。

7）时钟电路，产生信号并传输给单片机内部的电路，让它们有节奏地工作，时钟信号的频率越高，单片机的工作速度就越快。

8）数据总线（DB），用于在单片机与存储器之间或单片机与 I/O 接口之间传输数据。

> **思政要点**：介绍单片机的组成结构，学习 CPU 控制，通过了解 CPU 对各部件的绝对控制，理解坚持党的核心领导地位的重要性，教育学生我国要坚持中国共产党的领导。

1.2.2　单片机最小系统介绍

单片机不是完成某一个逻辑功能的芯片，而是把一个计算机系统集成到一个芯片上而形成的系统。单片机相当于一台微小的计算机。和计算机相比，单片机只缺少 I/O 设备。概括地讲：一块芯片就成了一台计算机。单片机的体积小、质量轻、价格低，为学习、应用和开发提供了便利条件。

单片机最小系统主要由主控芯片、复位电路、振荡电路及电源部分组成，如图 1.2 所示。

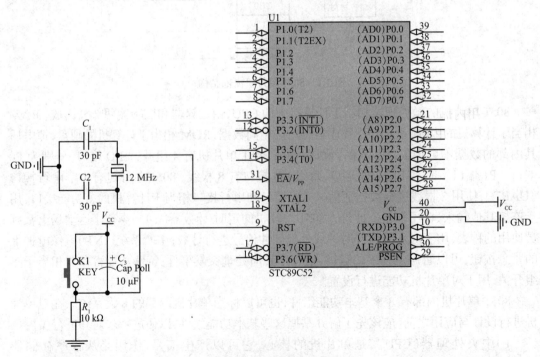

图 1.2　单片机最小系统

（1）电源

对于一个完整的电子系统设计来讲,首要问题就是设计为整个系统提供电源的供电模块,供电模块的稳定可靠是系统平稳运行的前提和基础。

（2）复位电路

单片机的置位（由 0 变为 1）和复位（由 1 变为 0）,都是为了把电路初始化到一个确定的状态。单片机复位电路的原理是在单片机的复位引脚 RST 上外接电阻和电容,实现上电复位。当复位电平持续两个机器周期以上时,复位有效。复位电平的持续时间必须大于单片机的两个机器周期。单片机系统的复位方式有按键复位和上电复位。

1）上电复位是指电压在复位引脚 RST 处变化至高电平或低电平,并维持一段时间,复位结束后复位点恢复至初始状态。例如,STC89 系列单片机采用高电平复位,通常在复位引脚 RST 上连接一个电容和电阻到 V_{cc},再连接一个电阻到 GND,由此形成一个 RC 充放电回路,保证单片机在上电时 RST 脚上有足够时间的高电平进行复位,随后回归到低电平的正常工作状态,这个电阻和电容的典型值为 10 kΩ 和 10 μF。

2）按键复位是指在复位电容上并联一个开关,按下开关会使电容放电,RST 也被拉到高电平,而且由于电容的充电,RST 的电压会保持一段时间的高电平,以使单片机复位。

（3）振荡电路

时钟振荡电路精确地确定振荡频率,它与所属电路系统中的主芯片内部的振荡电路配合,共同组成晶体振荡器（简称晶振）。所有单片机系统里都有晶振,其作用非常大,产生主板上各个系统所必需的时钟信号。晶振结合单片机的内部电路产生单片机所需的时钟频率,所提供的时钟频率越高,单片机的运行速度就越快。单片机一切指令的执行都是建立在晶振提供的时钟频率信号基础上的。

在 8051 单片机片内有一个高增益的反相放大器,它的输入端为 XTAL1,输出端为 XTAL2,由该放大器构成的振荡电路和时钟电路一起构成了单片机的时钟方式。根据硬件电路的不同,单片机的时钟方式可分为内部时钟方式和外部时钟方式。

在采用内部时钟方式的时钟电路中,必须在 XTAL1 和 XTAL2 引脚两端跨接晶体振荡器和 2 个微调电容（C_1 和 C_2）构成振荡电路,通常 C_1 和 C_2 均取 30 pF,晶振的频率取 1.2~12 MHz。在采用外部时钟方式的时钟电路中,XTAL1 应接地,XTAL2 接外部时钟,该电路对于外部时钟信号并无特殊要求,只要保证有一定的脉冲宽度,时钟频率低于 12 MHz 即可。

1.2.3 单片机引脚功能

MCS-51 系列单片机中的 8031、8051、8052 及 8751 等型号均采用 40 引脚双列直插封装（DIP）形式,8052 引脚如图 1.3 所示。受封装形式的限制,有不少引脚同时具有两种功能。从功能上看,这些引脚可以分为 3 个部分。

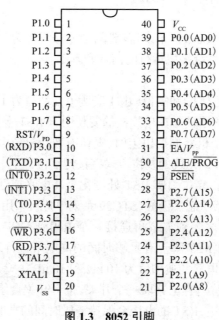

图 1.3　8052 引脚

（1）电源与时钟引脚

V_{CC}（40 脚）：电源端，接+5 V 直流电源。

V_{ss}（20 脚）：接地（GND）端。

XTAL1（19 脚）/XTAL2（18 脚）：内部振荡器的输入端，接外部晶振；如果采用外部时钟，XTAL2 引脚连外部时钟，XTAL1 引脚悬空。

（2）控制引脚

ALE/$\overline{PROG}$（Address Latch Enable/Programming，30 脚）：地址锁存允许端。当访问片外存储器时，ALE 作为锁存低 8 位的控制信号；当不访问外存储器时，ALE 引脚周期性地以 1/6 振荡器频率向外输出正脉冲，可用于对外输出时钟或定时。对片内 ROM 编程时（如 8751），此引脚作为编程脉冲输入端 $\overline{PROG}$。ALE 负载驱动能力为 8 个 LSTTL（低功耗晶体管逻辑电路）器件。

$\overline{PSEN}$（Program Store Enable，29 脚）：外部程序存储允许输出端，片外程序存储器读选通信号，低电平有效。CPU 访问外部程序存储器期间，$\overline{PSEN}$ 端在每个机器周期中两次有效。负载驱动能力为 8 个 LSTTL 器件。

$\overline{EA}/V_{PP}$（Enable Address/Voltage Pulse of Programming，31 脚）：外部程序存储器地址允许输入端。当 $\overline{EA}$ 为高电平时，CPU 执行片内存储器指令，当程序计数器（Program Counter，PC）的值超过 0FFFH 时，将自动转向执行片外存储器指令；当 $\overline{EA}$ 为低电平时，CPU 只执行片外存储器指令。对片内 RAM 编程时，V_{PP} 作为编程电压的输入端。

RST/V_{PD}（9 脚）：复位信号输入端。第一功能：晶振工作时，在此引脚上保持两个机器周期的高电平将使单片机复位。第二功能：备用电源的输入端，当主电源 V_{CC} 掉电时，V_{PD} 将为片内 RAM 供电，以确保 RAM 中的信息不丢失。

（3）I/O 引脚

I/O 接口是单片机实现信息交换和对外控制的重要通道。I/O 接口分为串行接口和并行接口,串行接口一次只能传送一个二进制位信息,并行接口一次可以传送一个字节的信息。例如,8052 单片机有 4 组并行端口,即 P0、P1、P2 和 P3。

Ⅰ. P0 端口的结构及工作原理。

图 1.4 所示为 P0 端口 8 位中的一位。

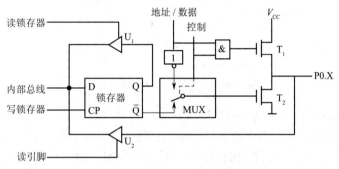

图 1.4　P0 端口的内部位结构示意

由图 1.4 可见,P0 端口的位结构是由 1 个输出锁存器(D 型触发器),2 个三态门缓冲器(U₁ 和 U₂),与门、非门和多路开关(MUX)组成的,其输出控制电路由一对场效应晶体管(T₁ 和 T₂)组成。

1)输入缓冲器。在 P0 端口中,有 2 个三态门缓冲器,在其输出端可以是高电平、低电平,同时还有一种就是高阻状态(也称为禁止状态)。U₁ 是读锁存器的缓冲器,U₂ 是读引脚的缓冲器。因此,若要读取 P0.X 引脚上的数据,要使 U₂ 有效,这样引脚上的数据才会传输到内部数据总线上。

2)锁存器。锁存器的 D 端是数据输入端,CP 是控制端(即时序控制信号输入端),Q 是输出端,$\overline{Q}$ 是反向输出端。在 8052 单片机的 32 个 P0 端口中,都是通过触发器构成锁存器的。

3)多路开关。多路开关的作用是选择 P0 端口作为普通 I/O 接口使用还是作为数据/地址总线使用。当多路开关与 $\overline{Q}$ 接通时, P0 端口作为普通的 I/O 接口使用,当多路开关与上方接通时,P0 端口作为数据/地址总线使用。

4)输出驱动部分。P0 端口的输出端是由 2 个场效应晶体管组成的推拉式结构,在这样的结构中,这 2 个场效应晶体管一次只能导通其中一个,即当 T1 导通时, T2 就截止,当 T2 导通时, T1 就截止。P0 端口作为 I/O 接口使用时,多路开关的控制信号为 0(低电平), T2 导通时,多路开关与锁存器的 $\overline{Q}$ 相连(即 P0 端口作为 I/O 接口使用); P0 端口作为数据/地址总线使用时,多路开关的控制信号为 1,T₁ 导通,多路开关与数据/地址总线连接。

P0 端口具有两种功能:第一, P0 端口可以作为通用 I/O 接口使用, P0.0~P0.7 传送 CPU 的输入/输出数据;第二,在访问外部存储器时,P0 端口可以分时复用地址线和双向数据总线(AD0~AD7)。

Ⅱ. P1 端口的结构及工作原理

图 1.5 所示为 P1 端口 8 位中的一位。

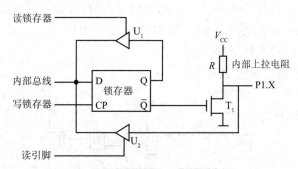

图 1.5　P1 端口的位内部结构示意

P1 端口的结构简单,其位结构如图 1.5 所示。与 P0 端口的主要差别在于,P1 端口没有非门和多路开关(MUX),并用内部上拉电阻 R 代替了 P0 端口的场效应晶体管 T1。

P1 端口仅作为数据输入/输出端口使用。输出数据时,内部总线输出的数据经锁存器和场效应晶体管后,锁存在端口线上;输入数据时,有读引脚和读锁存器之分,工作过程参照 P0 端口,这里不再赘述。

P1 端口是具有输出锁存的静态口,要正确地从引脚上读入外部信息,必须先使场效应晶体管关断,以便由外部输入的信息确定引脚的状态。为此,在作为读引脚读入数据前,必须先对 P1 端口写入 1。具有这种操作特点的输入/输出端口,称为准双向 I/O 接口。

Ⅲ. P2 端口的结构及工作原理

图 1.6 所示为 P2 端口 8 位中的一位。由图可见,P2 端口在片内既有上拉电阻,又有多路开关(MUX),所以 P2 端口在功能上兼有 P0 端口和 P1 端口的特点。这主要表现在输出功能上,当多路开关与锁存器的 D 口接通时,从内部总线输出的一位数据经反相器和场效应晶体管反相后,输出至端口引脚;当多路开关与另一侧接通时,则输出的一位地址信号经反相器和场效应晶体管反相后,输出至端口引脚。

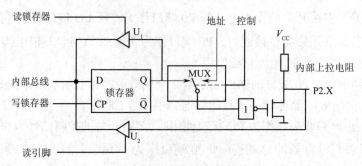

图 1.6　P2 口的位内部结构示意

对于 8031 单片机,必须外接程序存储器才能构成应用电路,或者应用电路扩展了外部存储器(外存),而 P2 端口用来周期性地输出从外存中读取指令的地址(高 8 位地址)。因此,P2 端口的多路开关总是在进行切换,分时地输出从内部总线来的数据和从地址信号线来的地址。因此,P2 端口是动态的 I/O 接口。

P2 端口具有两种功能:第一, P2 端口可以作为通用 I/O 接口使用, P2.0~P2.7 传送 CPU 的 输 入/输 出 数 据;第二,在访问外部存储器时, P2 端口输出地址总线的高 8 位 (AD8~AD15)地址,与 P0 端口的低地址一起构成 16 位地址。

Ⅳ. P3 端口的结构及工作原理

图 1.7 所示为 P3 端口 8 位中的一位。

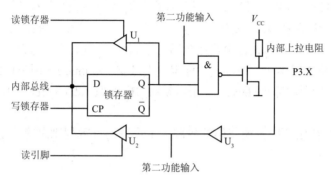

图 1.7　P3 端口的内部位结构示意图

P3 端口也是双功能端口,当作为通用 I/O 接口时,第二功能输出信号为 1(高电平),此 时内部总线信号经锁存器和场效应晶体管输入/输出,工作过程与 P1 端口作用相同。P3 端 口的第二功能是数据输出和数据输入。

1)数据输出。当 P3 端口的某一位作为第二功能输出时,锁存器和该位的"第二功能输 出"端自动置 1,场效应晶体管截止,该位引脚上的信号经缓冲器 U3 送入"第二功能输入" 端口。

2)数据输入。当 P3 端口的某一位作为第二功能输入时, CPU 将该位锁存器置 1,此时 与非门只受"第二功能输出"端口控制,输出信号经与非和场效应晶体管两次反相后,输 出到该位的引脚上。

P3 端口 8 个引脚(P3.0~P3.7)的第二功能,见表 1.1。

表 1.1　P3 端口引脚第二功能

引脚	第二功能	说明
P3.0	RXD	串行数据接收端
P3.1	TXD	串行数据发送端
P3.2	$\overline{INT0}$	外部中断 0 输入
P3.3	$\overline{INT1}$	外部中断 1 输入
P3.4	T0	定时/计数器 0 外部计数输入
P3.5	T1	定时/计数器 1 外部计数输入
P3.6	$\overline{WR}$	片外数据存储器"写"选通控制输出
P3.7	$\overline{RD}$	片外数据存储器"读"选通控制输出

1.3　基础知识

1.3.1　数制

数制是一种计数方法,指用一组固定的符号和统一的规则来表示数值的方法。计数过程中采用进位的方法称为进位计数制。进位计数制有数位、基数、位权三个要素。

在人们的日常生活中,通常采用十进制计数方法计数,计算机常用的数制有二进制、八进制、十进制和十六进制。本教材中重点介绍二进制、十进制和十六进制。为了区分不同的数制,人们通常在数结尾用一个字母进行标识。十进制(decimal)数用"D"标识,二进制(binary)数用"B"标识,十六进制(hexadecimal)数用"H"标识,如 5.375D、1010B、23A9H 等。

（1）十进制

十进制是人们在生活中普遍使用的数制。十进制的计数规则是逢十进一,计数符号有 0、1、2、3、4、5、6、7、8、9。

（2）二进制

二进制是数字式计算机使用的数制。二进制的计数规则是逢二进一,计数符号只有 0 和 1。

（3）十六进制

十六进制是计算机指令代码与软件工具显示常用的数制。十六进制的计数规则是逢十六进一。十六进制的计数符号有 0、1、2、…、9、A、B、C、D、E、F。

（4）进制转换

1)将二进制、十六进制数转换为十进制数的方法是将二进制、十六进制数写成按权展开式,然后将展开式中每一项相加,即可得到对应的十进制数。

【例 1-1】将二进制数 101.011B 转换为对应的十进制数。

解:

$$101.011B = 1 \times 2^2 + 0 \times 2^1 + 1 \times 2^0 + 0 \times 2^{-1} + 1 \times 2^{-2} + 1 \times 2^{-3} = 5.375D$$

【例 1-2】将十六进制数 23A9H 转换为对应的十进制数。

解:

$$23A9H = 2 \times 16^3 + 3 \times 16^2 + 10 \times 16^1 + 9 \times 16^0 = 9129D$$

2)将十进制数转换为二进制数的方法是将十进制数的整数部分采用"除 2 倒序取余"的原则进行转换,小数部分采用"乘 2 取整顺序输出"的原则进行转换。具体方法:整数部分除以 2,余数为该位权上的数,用商继续除以 2,余数又作为上一个位权上的数,直到商为 0,然后将每次的余数按倒序输出;小数部分乘以 2,然后取整数部分,剩下的小数部分继续乘以 2,然后取整数部分,直到达到题目要求的精度,然后将每次得到的整数部分顺序输出。注意小数部分需要达到的精度,如要求精确到小数点后 5 位,则只需要进行 5 次乘 2 操作。

【例 1-3】将十进制数 56.34D 转换为对应的二进制数,精确到小数点后 5 位。

解:

整数部分:　　56/2 ⇒ 28　　　　余 0

28/2 $\Rightarrow$ 14	余 0
14/2 $\Rightarrow$ 7	余 0
7/2 $\Rightarrow$ 3	余 1
3/2 $\Rightarrow$ 1	余 1
1/2 $\Rightarrow$ 0	余 1

小数部分：　　　$0.34 \times 2 = 0.68$　　　整数是 0

　　　　　　　　$0.68 \times 2 = 1.36$　　　整数是 1

　　　　　　　　$0.36 \times 2 = 0.72$　　　整数是 0

　　　　　　　　$0.72 \times 2 = 1.44$　　　整数是 1

　　　　　　　　$0.44 \times 2 = 0.88$　　　整数是 0

所以　56.34D = 111000.01010B

3）将二进制数转换为十六进制数的方法是"取四合一"法，即以二进制数的小数点为分界点，向左（向右）每四位取成一位，接着将这四位二进制数按权相加，得到的数就是一位十六位二进制数；然后，按顺序进行排列，小数点的位置不变，得到的数字就是所求的十六进制数。如果向左（向右）取四位后，取到最高（最低）位的时候，如果无法凑足四位，可以在小数点最左边（最右边），即整数的最高位（最低位）添 0，凑足四位。

【例 1-4】将二进制数 1100111111.0111111B 转换为十六进制数。

　　　　　　补"0"　　　　　　　　　　　　　　补"0"

　　　0011　0011　1111．0111　1110

　　　　3　　　3　　　F　　7　　　E

所以，1100111111.0111111B = 33F.7EH

（4）十六进制数转换为二进制数

十六进制数转换为二进制数采用"取一分四"法，即将一位十六进制数分解成四位二进制数，用四位二进制数按权相加去凑这位十六进制数，小数点位置照旧。

【例 1-5】将十六进制数 5D7.21 转换为二进制数。

　　5　　D　　7．2　　1

　　0101 1101 0111．0010 0001

所以，5D7.21H = 10111010111.00100001B

思政要点：介绍中国古代重量旧制与现代的差异，如成语"半斤八两"，在古代半斤即是八两，而现代半斤是五两。由此来加深学生对于十进制与十六进制的理解，另外引导学生传承中华民族优秀的传统文化，弘扬以爱国主义为核心的民族精神，增强学生的文化自信。通过介绍我国各类传感器技术的发展，激发学生的主人翁意识和爱国热情，把学生培养成社会责任感强和专业能力过硬的高级专业人才。

1.3.2　逻辑运算

逻辑运算又称为布尔运算。逻辑运算中参与计算的对象只有两个,就是"逻辑真"和"逻辑假"。"逻辑真"简称"真",用字母 T 或数字 1 表示;"逻辑假"简称"假",用字母 F 或数字 0 表示。

电子计算机出现以后,计算机电路"导通"和"断开"两种状态完美符合逻辑运算中的"真"和"假"两个布尔值的互斥特征。因此早期的真空管计算机,包括后续的晶体管计算机、集成电路计算机都采用逻辑运算作为基本的运算方式。

（1）逻辑与

逻辑与的电路表示如图 1.8 所示。

图 1.8　逻辑与电路

在逻辑与运算中,只要 A 和 B 两个值全为真,其结果 $A\&B$ 才为真。表 1.2 为逻辑与运算的真值表。

表 1.2　逻辑与真值表

A	B	$A\&B$
0	0	0
0	1	0
1	0	0
1	1	1

（2）逻辑或

逻辑或的电路表示如图 1.9 所示。

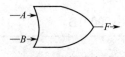

图 1.9　逻辑或电路

在逻辑或运算中,只要 A 和 B 两个值中有一个为真,那么其结果 $A|B$ 就为真。表 1.3 为逻辑或运算的真值表。

表 1.3　逻辑或真值表

A	B	$A|B$
0	0	0

续表

A	B	A|B
0	1	1
1	0	1
1	1	1

（3）逻辑非

逻辑非的电路表示如图 1.10 所示。

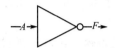

图 1.10　逻辑非电路

逻辑非运算即对输入结果进行取反,假如输入为真,那么其结果就为假;反之,其结果就为真。表 1.4 为逻辑非运算的真值表。

表 1.4　逻辑非真值表

A	$\overline{A}$
0	1
1	0

（4）逻辑异或

逻辑异或的电路表示如图 1.11 所示。

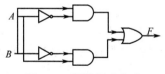

图 1.11　逻辑异或电路

在逻辑异或运算中,只要 A 和 B 两个输入相异,那么其结果就为真;反之,如果 A 和 B 输入相同,那么其结果就为假。表 1.5 为逻辑异或运算的真值表。

表 1.5　逻辑异或真值表

A	B	A^B
0	0	0
0	1	1
1	0	1
1	1	0

（5）逻辑运算基本定律

交换律：$A \cdot B = B \cdot A$; $A + B = B + A$

结合律：$A(BC) = (AB)C$; $A + (B + C) = (A + B) + C$

分配律：$A(B + C) = AB + AC$; $A + BC = (A + B)(A + C)$

反演律：$\overline{A + B} = \overline{A} \cdot \overline{B}$; $\overline{AB} = \overline{A} + \overline{B}$

1.3.3　位运算

计算机中所有的数据以二进制的形式存储在设备中，即只有0、1两种状态。计算机对二进制数据进行的运算（+、-、×、÷）都称为位运算，即将符号位共同参与运算的运算。

（1）按位与运算

按位与运算指参加运算的两个数据按二进制位进行"与"运算，其运算符号为"&"。

运算规则：

　　　0 & 0 = 0；0 & 1 = 0；1 & 0 = 0；1 & 1 = 1

按位与运算两位同时为1，结果才为1，否则结果为0。按位与运算的用途如下。

1）清零。如果想将一个单元清零，即让其全部二进制位为0，则只要与一个各位都为零的数值相与。

2）取一个数的指定位。例如，取数 $X = 10101110B$ 的低4位，只需要另找一个数 Y，令 Y 的低4位均为1，其余位为0，即 $Y = 00001111B$，然后将 X 与 Y 进行按位与运算（$X\&Y = 00001110B$）即可得到 X 的指定位。

3）判断奇偶。根据最末位是0还是1来决定，为0就是偶数，为1就是奇数。因此，可以用语句"if((a & 1) == 0)"代替"if(a % 2 == 0)"来判断 a 是不是偶数。

（2）按位或运算

按位或运算指参加运算的两个对象按二进制位进行"或"运算。运算符号为"|"。

运算规则：

　　　0|0 = 0；0|1 = 1；1|0 = 1；1|1 = 1

按位或运算参加运算的两个对象只要有一个为1，结果为1。按位或运算的用途是将一个数据的某些数位设置为1。

（3）按位异或运算

按位异或运算指参加运算的两个数据按二进制位进行"异或"运算。运算符号为"^"。

运算规则：

　　　0^0 = 0；0^1 = 1；1^0 = 1；1^1 = 0

对于参加按位异或运算的两个对象，如果两个相应位相同，结果为0，相异则结果为1。按位异或运算的用途如下。

1）翻转指定位。例如，将数 $X = 10101110B$ 的低4位进行翻转，只需要另找一个数 Y，令 Y 的低4位均为1，其余位为0，即 $Y = 00001111B$，然后将 X 与 Y 进行异或运算（$X^Y=10100001B$）即可得到。

2）与0相异或值不变。

3）交换两个数。

（4）取反运算

取反运算指参加运算的一个数据按二进制进行"取反"运算,运算符号为"~"。

运算规则:

$$\sim 1 = 0 ; \sim 0 = 1$$

对一个二进制数按位取反,即将 0 变 1,1 变 0。

（5）左移运算

左移运算指将一个运算对象的各二进制位全部左移若干位（左边的二进制位丢弃,右边补 0）,运算符号为"<<"。

设 $a = 11001010B$, $a = a << 2$ 将 a 的二进制位左移 2 位,右侧补 0,即得 $a = 00101000B$。

（6）右移运算

右移运算指将一个运算对象的各二进制位全部右移若干位（正数左补 0,负数左补 1,右边丢弃）,运算符号为">>"。

例如: $a = a >> 2$ 将 a 的二进制位右移 2 位,左补 0 或者左补 1 得看被移数是正还是负。操作数每右移一位,相当于该数除以 2。

1.4 教材设计思想

"单片机开发及应用"课程教学的任务是使学生具备从事智能控制应用工作所必需的单片机控制相关的基本理论知识和从事基于单片机进行电子产品设计的基本技能。本教材的编写没有按照传统学科逻辑下的课程体系,采用的是基于教学任务的工作化的应用型课程体系。在传统学科逻辑下,单纯的学科知识讲授已经不适用于应用型人才的培养,应用型课程的建设需要结合学情、课程性质,将理论与实践融合,对课程内容按照一定逻辑进行重组,同时采用一种适合学生系统性掌握课程教学内容的方式或者载体,如项目、学习情境、专题等,将知识与技能嵌入其中,让学生在学习过程中逐步掌握知识与技能。

1.4.1 教学情境（项目）的设计

本教材采用以教学情境为骨架的形式,教学情境（项目）的设计解决两个问题:一是课程内容的选择,二是课程内容的结构化。我们通过解决这两个问题进行教材的结构设计。

（1）以能力培养为本位,选择课程内容

本教材按照应用型、技术型人才的培养要求确定课程的培养目标,通过分析本课程所对应岗位的工作任务,分析相关的工作内容及职业标准,按照工作内容及职业标准所需的知识点和技能点,明确课程教学内容。选择课程内容的具体步骤如下。

第一步,"单片机开发及应用"课程对软件和硬件的要求都很高,凸显多学科交叉融合的技术特点。该课程出口较多,经过深入分析,结合市场需求、应用型学校的自身定位和学生的学情,明确了应用方向。以服务区域经济社会发展为出发点,按照职业岗位能力需求,确定培养目标,以期化解学校培养目标和社会需求脱节的矛盾。

第二步,结合第一步得到的最新行业及职业需求,经过调研及论证,确定本技术领域内的软硬件产品研制过程中涉及的典型工作任务,为有针对性地改进及更新教学内容打下坚实基础。重新认定、明确工作任务所需要的工作内容和职业标准,确定知识点、技能点及素质要求与课程教学内容及目标的对应关系,建立职业岗位能力需求和课程之间的对应关系,让授课教师和学生分别明确"为什么教""为什么学"。

第三步,对课程知识点、技能点及素质要求进行系统梳理,明确教学内容。

（2）以项目为主体,将课程内容结构化

按照第一步确定的学习内容及能力目标的现实需求,设计 4 个电子产品设计学习项目,分别是定时电子沙漏、矩阵键盘、密码锁、智能小车及智能环境监测系统,并按照由易到难的顺序进行排序。在学习过程中,学生按照任务的顺序逐步学习课程相关内容,从而明确了学习顺序,即实现了课程内容的结构化。这里所指的学习过程其实就是知识能力应用的过程。在学习过程中,不同的知识能力循序渐进地发展,相同的知识能力由浅入深地掌握。

（3）以任务为载体,组织课堂教学

由于项目的体量较大,不适合设计成单一的教学单元,所以将教学情境进一步分解为若干任务。通过任务来组织课堂教学。项目设计及任务分解如图 1.12 所示。

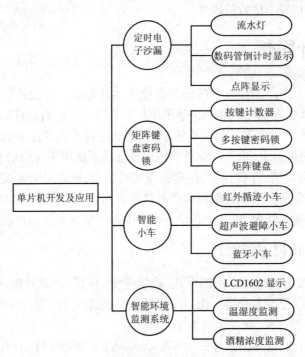

图 1.12   本教材的教学项目组织结构

1.4.2   课堂教学实施

本教材设计的每个项目及任务的实施过程都包含电子产品设计的全过程。基于教学任务工作化的课程设计就是基于工作过程设计课堂教学过程,如图 1.13 所示。本教材的每个任务的教学过程包含:项目分析、方案制定、电路设计、程序设计、软硬联调、硬件焊接及产品评价。

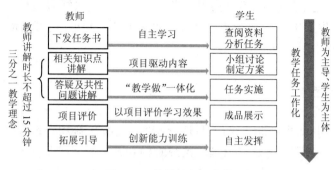

图 1.13　教学任务工作化

本教材建议的教学过程如下。

（1）任务布置

教师在课前下发项目任务书,要求学生课下查阅资料对任务书进行分析,包括确定任务目标,查询重要元器件,完成项目设计初步方案,画出项目的流程图。

（2）知识点讲解

在课堂上,教师对项目的相关知识点进行讲解,帮助学生更好地理解项目,引导学生查漏补缺,发现自己设计方案中的问题;学生以小组为单位进行讨论,对方案进行修改,形成最终方案。

（3）任务实施

教师进行巡视答疑,并针对共性问题进行讲解;学生按照电子产品设计的真实过程进行项目分析、方案制定、电路设计、程序设计、软硬联调、硬件焊接和产品评价（图 1.14）,有问题时及时提问。教师进行现场讲解,对存在问题较多的知识点,进行记录并在适当时间进行统一讲解。本教材对教师的讲解过程提出了要求,一般不能超过 15 min,体现"三分之一"的教学理念,即三分之一老师教、三分之一自主学、三分之一动手实践,实现"教学做一体化"的教学思想。

图 1.14　任务实施过程

（4）硬件焊接及产品评价

对于仿真成功的作品,学生进行硬件焊接。焊接完成后,学生对作品进行测试和评价,确保产品功能达到预期要求。另外,学生应针对项目的完成情况进行汇报,其中包括作品仿真及实物演示,真正做到以项目评价学习成果。在产品评价过程中,不同小组之间会有"PK"（对战）环节,最终通过学生互评及教师评价确定项目的成绩。

（5）项目拓展

对学有余力的同学,本教材设置了额外的任务,这些任务大多是在已有项目的基础上进行的自主扩展,以锻炼学生的创新能力。在针对总共 4 个项目和多个任务的学习过程中,学生不断重复电子产品设计的整个工作过程,重复的是电子产品设计的步骤,不同的是课程内容的逐步深入。在这个过程中,教师为引导者,学生为主体。教师在教学过程中应将课堂交给学生,做到以学生为中心。这样做不仅可以使学生掌握知识,还可以培养学生分析问题、解决问题的能力及创新能力。

1.5　本章小结

　　单片机是指将中央处理器(CPU)、只读存储器(ROM)、随机存取存储器(RAM)、输入/输出(I/O)接口、中断系统、定时/计数器、系统时钟和系统总线等集成在一块芯片上构成的完整计算机系统。

　　单片机具有体积小、集成度高、可靠性好、功耗低、控制能力强、性价比高、易于产品化、易于扩展的特点。

　　单片机最小系统主要由主控芯片、复位电路、振荡电路以及电源部分组成。

　　不同数制间的转换和基本逻辑运算是学习单片机开发的重要基础知识。

第 2 章　单片机开发环境搭建

学习目标

- 掌握 Proteus 和 Keil 软件的安装。
- 掌握 8052 单片机开发的基本过程。

能力目标

- 能够正确安装 Proteus 和 Keil 软件。
- 能够利用 52 单片机控制点亮单个 LED。

思政目标

培养学生的工匠精神。

2.1　Proteus 简介

Proteus 软件是一款电子设计自动化（EDA）工具软件，是由英国 Lab Center Electronics 公司开发的。除了具有其他 EDA 工具软件的仿真功能之外，Proteus 还能仿真单片机及大量的相关外围器件。

Proteus 平台是对电路仿真软件、印制线路板（PCB）设计软件和虚拟模型仿真软件的三合一，包括原理图布图、代码调试以及单片机与外围电路协同仿真等功能。在原理图设计完成后，设计人员可迅速切换进入 ARES 的 PCB 设计环境，实现从概念到产品的完整设计。Proteus 可以仿真 51 系列、AVR、PIC、ARM 等常用主流单片机，支持 IAR、Keil 和 Matlab 等多种编译软件。

Proteus 在国际上能得到广泛应用，主要原因在于 Proteus 在功能上有以下几大特点。

1）提供丰富的虚拟仪器且面板操作逼真。Proteus 提供的虚拟仪器包括示波器、逻辑分析仪、信号发生器、直流电压/电流表、逻辑探头、虚拟终端、串行外设接口（Serial Peripheral Interface，SPI）调试器、I²C 调试器等。利用这些虚拟仪器，设计者在仿真过程中可以测试外围电路的各种特性。

2）具有丰富的外围器件接口及其仿真功能。设计者在使用 Proteus 过程中可以根据实际需要，选择不同的方案，如 RAM、ROM、LED、LCD、A/D 转换器、键盘、电机、部分 SPI 器件、部分 I²C 器件。

3）可以图形的方式将线路上信号的变化实时地显示出来。该功能的作用与示波器相似，但功能更多。虚拟仪器仪表具有理想的参数指标，如极高的输入阻抗、极低的输出阻抗。这些都有助于尽可能地减少仪器对测量结果的影响。

4）可以仿真数字和模拟、交流和直流等信号和数千种元器件，有 30 多个元件库。

5）具有较为丰富的测试信号供电路测试，包括模拟信号和数字信号。

6）可以与 Keil 软件进行联合仿真。

7）具有软件调试功能。

8）具有强大的原理图绘制功能。

说明：本教材中所有案例都基于 Proteus 8.9 进行介绍。

2.2　Keil 简介

Keil 是美国 Keil Software 公司出品的 51 系列兼容单片机的 C 语言软件开发系统，包含 C 编译器、宏汇编、链接器、库管理和一个功能强大的仿真调试器。Keil 通过一个集成开发环境（μVision）将这些部分组合在一起，能够提供完整的开发方案。与汇编语言相比，Keil 使用的 C 语言在功能性、结构性、可读性、可维护性上有明显优势，且易学易用。运行 Keil 需要 Windows 系列操作系统。

Keil 的 μVision 有多个版本，每个版本的界面和使用方法类似，本教材中所有案例都基于 Keil μVision5 进行介绍。

2.3　STC-ISP 简介

STC-ISP 是一款单片机下载编程烧录软件，专门针对 STC 系列单片机而设计。STC-ISP 可下载 STC89 系列、12C2052 系列和 12C5410 系列等的 STC 单片机，使用简便。STC-ISP 软件支持 C 语言和汇编语言，且该软件无须安装，下载后可以直接运行使用。通过这款工具，设计者只需要结合编程技术及 RS-485 控制功能为新硬件设备制订编程计划，就能将程序代码与相关的选项设置打包成可执行文件，直接对目标芯片进行下载编程。

2.4　开发环境搭建

2.4.1　Keil 的安装与使用

（1）Keil 的安装

1）用鼠标右键点击 Keil μVision5 C51 的 V957 版的安装包文件"Keil uvision5 C51V957(64 bit).zip"，将其解压到【Keil uvision5 C51v957(64 bit)】文件夹，如图 2.1 所示。

重要提示：解压前，需关闭所有第三方杀毒软件，如 McAfee、防火墙、Windows Defender，否则 Keil 可能会被杀毒软件误杀而无法运行。

图 2.1　解压安装包文件

2）打开文件夹，用鼠标右键点击"C51-V957.exe"，选择【以管理员身份运行】，如图 2.2 所示。

图 2.2　以管理员身份运行 Keil 安装程序

3）点击【Next>>】，如图 2.3 所示。

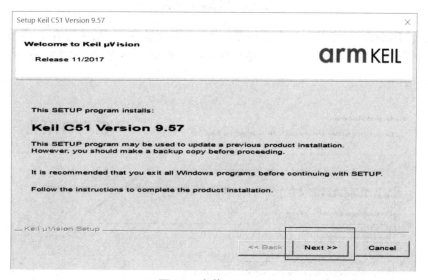

图 2.3　安装 Keil C51

4）勾选【I agree to all the terms of the preceding License Agreement】，然后点击【Next>>】，如图 2.4 所示。

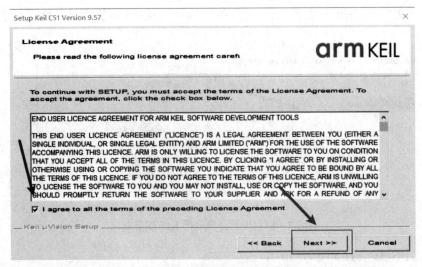

图 2.4　同意版权协议

5）点击【 Browse... 】可以更改安装位置（建议不要安装在 C 盘，可以在 D 盘或其他磁盘下新建一个文件夹，如"Keil_v5"（注：安装路径中不要出现中文），点击【 Next>> 】，如图 2.5 所示。

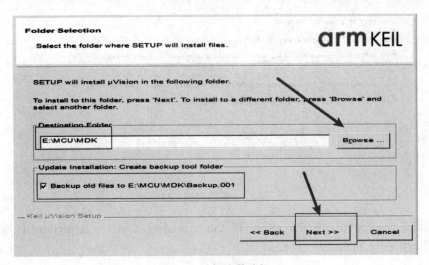

图 2.5　选择安装路径

6）输入用户信息，点击【 Next>> 】，如图 2.6 所示。

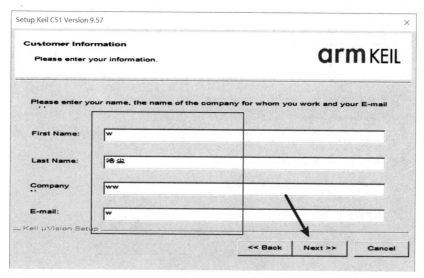

图 2.6 用户信息设置

7）软件安装过程中，会出现指示安装进度的进度条，如图 2.7 所示。

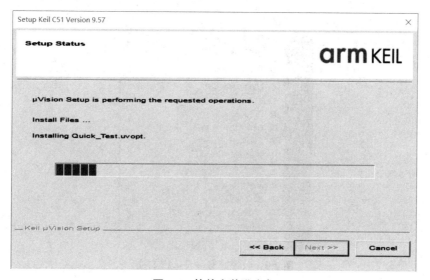

图 2.7 软件安装进度条

8）可以取消勾选【Show Release Notes】和【Add example projects to the recently used project】，点击【Finish】完成安装，如图 2.8 所示。

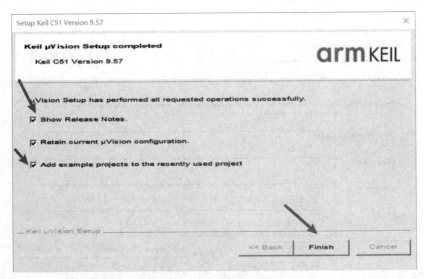

图 2.8   **Keil C51 设置完成**

9）用鼠标右键点击桌面上的【Keil uVision5 】图标,选择【以管理员身份运行 】,如图 2.9所示。

图 2.9   **以管理员身份运行 Keil**

10）点击【 File 】选择【 License Management... 】,输入软件的注册信息,如图 2.10 所示。

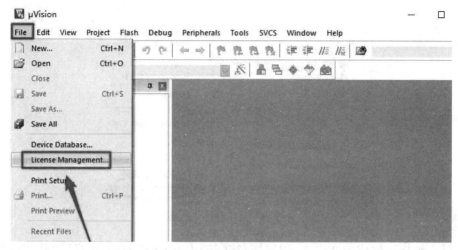

图 2.10　管理版权信息

（2）Keil 功能介绍

Keil 软件的基本功能如图 2.11 所示。

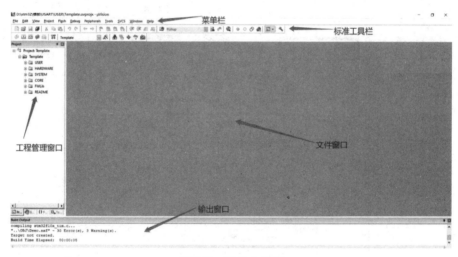

图 2.11　Keil 主界面

菜单栏：用于文件、项目新建、保存、编辑、调试等的设置。

标准工具栏：提供文件保存、新建等操作按钮。

工程管理窗口：显示项目的层级管理及文件的从属关系。

文件窗口：代码编写窗口。

输出窗口：编译结果输出窗口，展示编译信息。

2.4.2　Proteus 的安装与使用

（1）安装 Proteus

1）用鼠标右键点击压缩包"Proteus 8.9.rar"，选择【解压到 Proteus 8.9\】，如图 2.12

所示。

图 2.12　解压软件压缩包

2)进入解压后生成的文件夹,用鼠标右键点击【P8.9.sp0.exe】,选择【以管理员身份运行】,如图 2.13 所示。

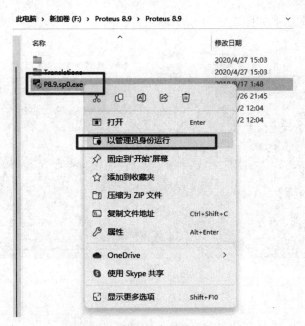

图 2.13　以管理员身份运行 Proteus

3)在欢迎界页上点击【Next】,如图 2.14 所示。

图 2.14　Proteus 软件安装的欢迎页面

4）勾选【I accept the terms of this agreement.】，点击【Next】，如图 2.15 所示。

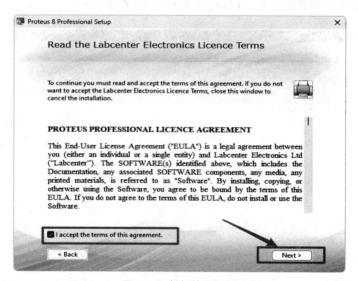

图 2.15　版权协议页面

5）选择【Use a locally installed license key】，点击【Next】，如图 2.16 所示。

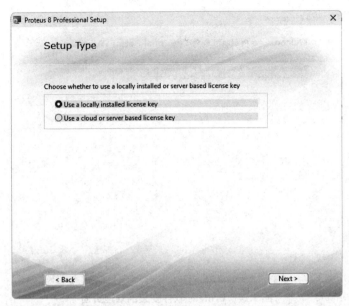

图 2.16　设置软件许可密钥(license key)的方式

6)在产品许可密钥页面上点击【 Next 】,如图 2.17 所示。

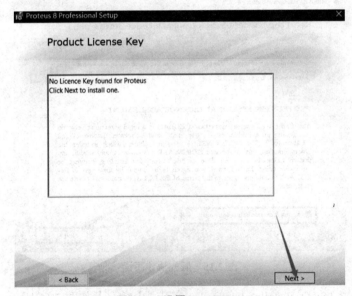

图 2.17　设置 license key

7)在弹出的对话框中,点击【 Browse For Key File 】,如图 2.18 所示。

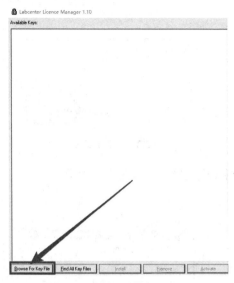

图 2.18　选择浏览密钥文件

8）找到 Proteus 8.9 软件的密钥文件【Licence.lxk】，如图 2.19 所示。

图 2.19　选择许可密钥文件

9）点击【Install】，安装密钥，如图 2.20 所示。

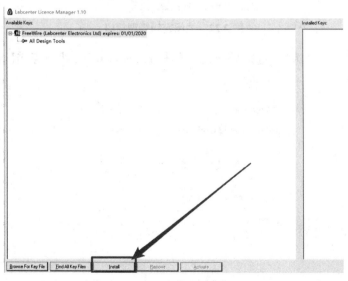

图 2.20　安装许可密钥

10）在弹出的【Labcenter Licence Manager 1.10】对话框中，点击【是(Y)】，如图 2.21 所示。

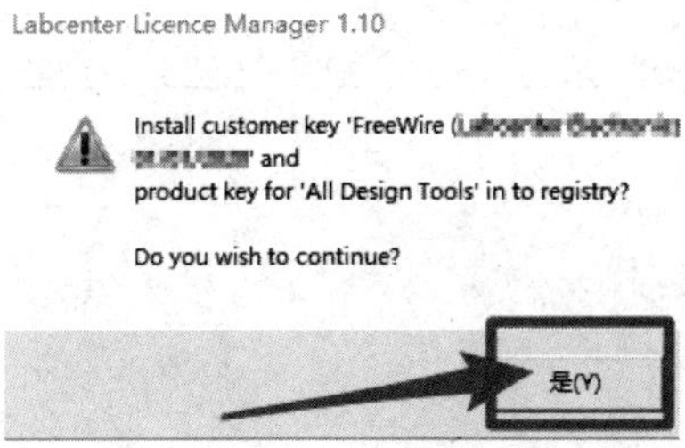

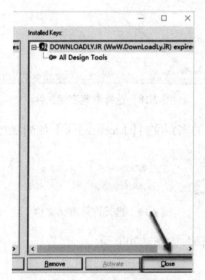

图 2.21   继续安装

11）点击【Close】关闭密钥管理窗口，如图 2.22 所示。

图 2.22   关闭密钥管理窗口

12）可以勾选 3 个选项，选择导入已有的样式、模板和库，然后点击【Next】，如图 2.23 所示。

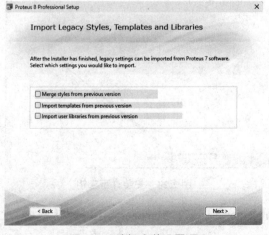

图 2.23   选择安装设置项

13）安装模式选择【Typical】,如图 2.24 所示。

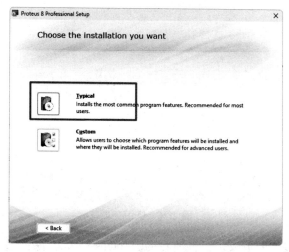

图 2.24 选择安装模式

14）软件安装过程中会出现指示进度的进度条,如图 2.25 所示。

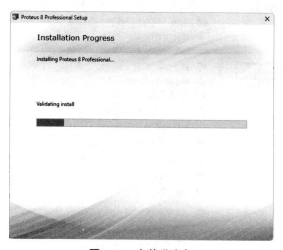

图 2.25 安装进度条

15）安装完成后,可以点击【Run Proteus 8 Professional】运行 Proteus,或点击【Close】关闭窗口,如图 2.26 所示。

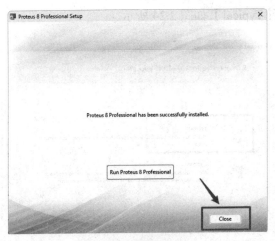

图 2.26 安装完成

16）安装中文环境。打开安装文件所在的【Proteus 8.9】文件夹，用鼠标右键点击【Translations】文件夹，然后选择【复制】，如图 2.27 所示。

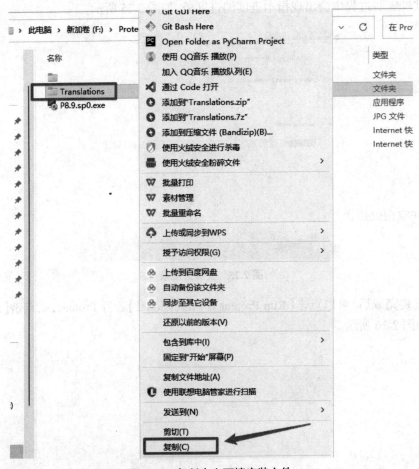

图 2.27 复制中文环境安装文件

17）用鼠标右键点击桌面上的【Proteus 8 Professional】图标,选择【打开文件所在的位置】,如图 2.28 所示。

图 2.28　打开文件所在位置

18）点击文件夹路径中的【Proteus 8 Professional】,如图 2.29 所示。

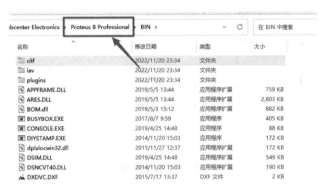

图 2.29　打开 Proteus 安装路径

19）在空白处用鼠标右键点击选择【粘贴】,如图 2.30 所示。

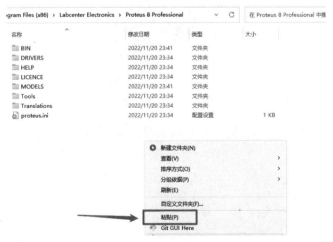

图 2.30　粘贴文件

20）点击【替换目标中的文件】，如图 2.31 所示。

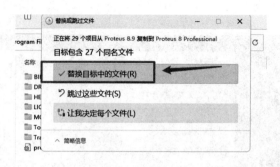

图 2.31　替换目标文件

21）勾选【为所有当前项目执行此操作】，点击【继续】，完成中文环境的安装，如图 2.32 所示。

图 2.32　选择继续复制

22）用鼠标双击电脑桌面上的【Proteus 8 Professional】图标，启动 Proteus 软件，如图 2.33 所示。

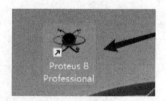

图 2.33　启动软件

23）安装成功后，Proteus 软件的启动界面如图 2.34 所示。

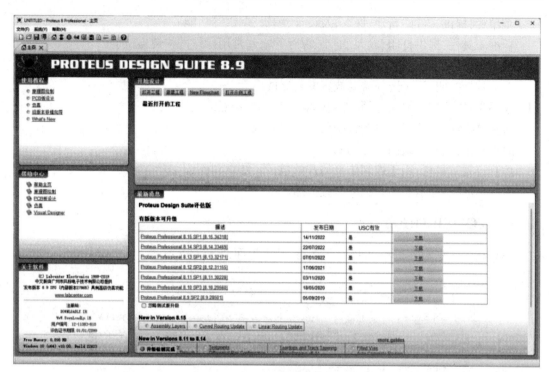

图 2.34　Proteus 软件的启动界面

（2）Proteus 功能介绍

Proteus 软件主界面的基本功能如图 2.35 所示。

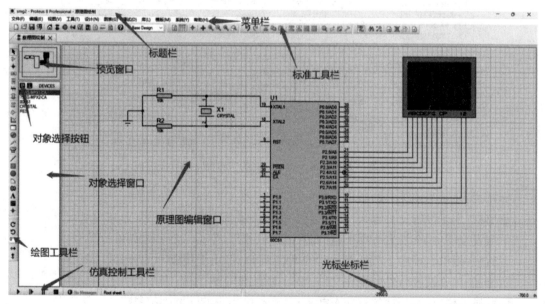

图 2.35　Proteus 主界面

标题栏：显示当前的项目名称和仿真工具。

菜单栏：提供文件的新建、保存，及设计、编辑、调试等功能。

标准工具栏：提供打印、放大、缩小、保存等一些常用操作的快捷方式。

预览窗口：显示当前选中的元器件的预览图。

对象选择按钮：用于选择需要放置的元器件。

绘图工具栏：提供移动、元器件选择等一些常用功能的快捷方式。

对象选择窗口：选择需要放置的元器件的区域。

原理图编辑窗口：绘制原理图的区域。

仿真控制工具栏：用于控制仿真的开始、暂停、结束和停止。

光标坐标栏：显示当前光标的位置坐标。

2.4.3　STC-ISP 的使用

STC-ISP 软件无须安装，可以直接运行，其主界面如图 2.36 所示。

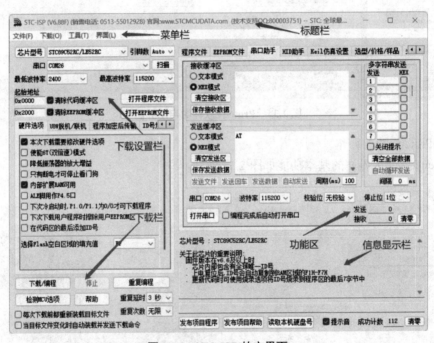

图 2.36　STC-ISP 的主界面

标题栏：显示当前工具的版本等相关信息。

菜单栏：用于设置文件导入、调试接口、资料下载等。

下载设置栏：用于设置程序下载的芯片型号、程序、串口、波特率、硬件选项等。

下载栏：提供将程序下载到芯片时的下载/编辑、停止等功能。

功能区：用于设置软件的程序文件、串口助手、HID 助手等。

信息显示栏：显示当前的程序下载进程、下载中出现的问题等信息。

2.5　实操环节

本节通过用单片机控制点亮单个 LED 的实验,介绍单片机开发的流程,主要内容包括利用 Keil 软件进行编程,利用 Proteus 软件进行仿真,以及利用 STC-ISP 软件进行程序烧录。

2.5.1　利用 Keil 软件进行编程

1)如图 2.37 所示,新建项目。

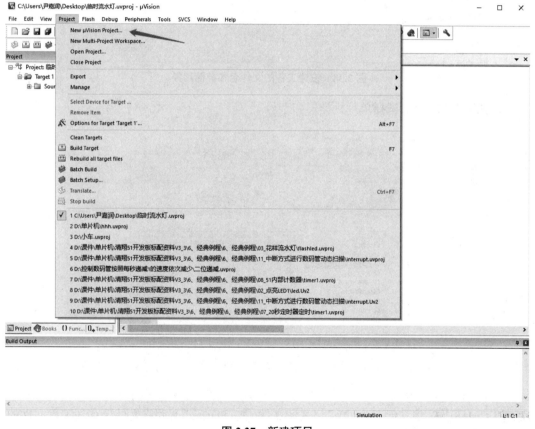

图 2.37　新建项目

2)如图 2.38 所示,设置工程名称和存储路径。

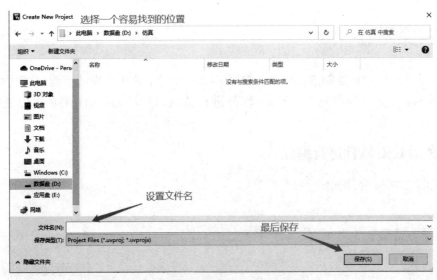

图 2.38　设置工程的文件名和存储路径

3）如图 2.39 所示，选择单片机类形和型号。

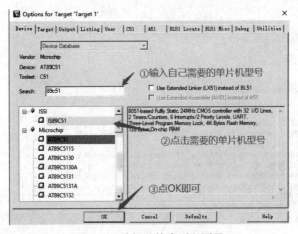

图 2.39　选择芯片类型和型号

4）如图 2.40 所示，创建 C 语言文件。首先，用键盘输入【Ctrl+N】，新建 C 语言文件；其次，按【Ctrl+S】键，将其保存为"*.c"格式的文件（如"Flash.c"），并将文件保存到工程文件的目录下（一般默认为工程文件目录）。

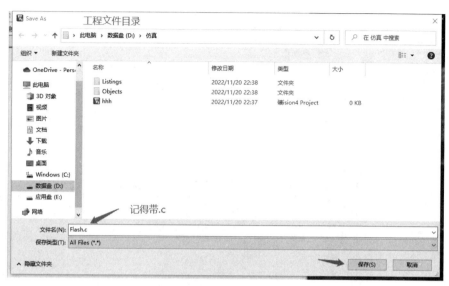

图 2.40　保存 "*.c" 文件

5）程序代码如下。

```c
#include <reg52.h>
s bit LED1 = P3^0;
void delay(uint z)
{
    uint x,y;
    for(x = z; x > 0; x--)
        for(y = 120; y > 0 ; y--);
}
void main()
{
    while(1)
    {
    LED1=0;
    }
}
```

6）添加程序文件 "Flash.c" 到 Keil 软件的工程管理窗口中的工程文件夹,如图 2.41 所示。

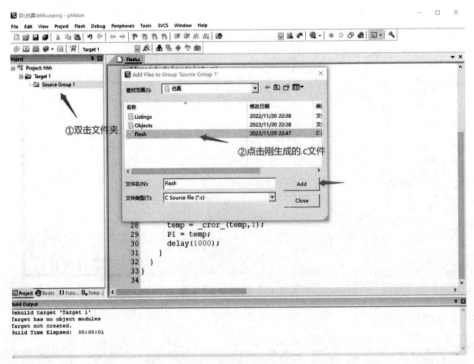

图 2.41　将程序文件加入工程

7)如图 2.42 所示,生成 HEX 文件。

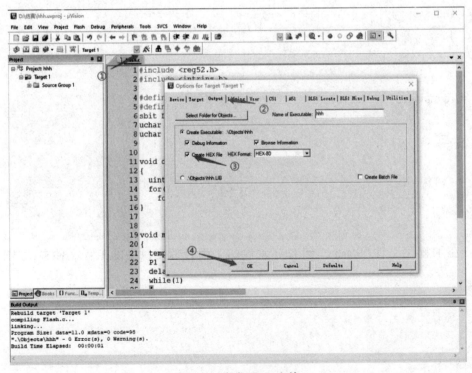

图 2.42　生成 HEX 文件

8）如图 2.43 所示，编译生成的 HEX 文件。

图 2.43　编译 HEX 文件

2.5.2　利用 Proteus 软件进行仿真

1）打开 Proteus 软件并选择【新建工程】，将新工程命名为"新工程.pdsprj"。选一个合适的保存路径，然后点击【下一步】，直到完成新工程的创建，如图 2.44 所示。

图 2.44　创建新工程

2）如图 2.45 所示，添加单片机。

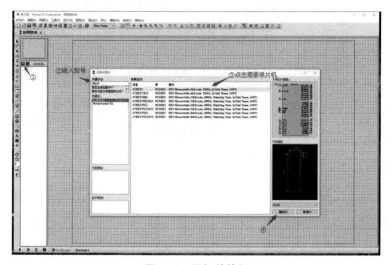

图 2.45　添加单片机

3）将单片机放置在合理的位置，如图 2.46 所示。

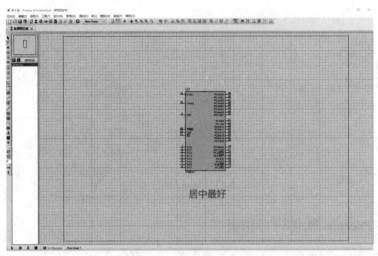

图 2.46　放置单片机元件

4）用上述方法将 LED-RED、RES 电阻放在原理图的合适位置上。然后，双击电阻"R1"，将其阻值由 10 kΩ 改为 1 kΩ。

5）放入电源并连接线路，如图 2.47 所示。

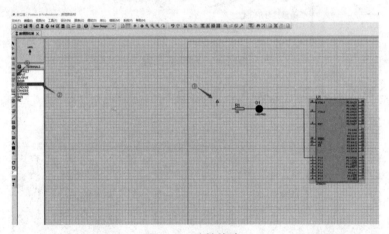

图 2.47　连接线路

6）如图 2.48 所示，双击单片机，再选择 HEX 文件。

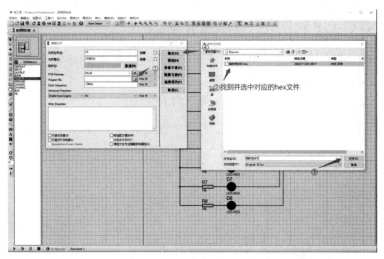

图 2.48　选择 HEX 文件

7）如图 2.49 所示，点击页面左下角的"开始"按钮，可以显示仿真结果（图 2.50）。

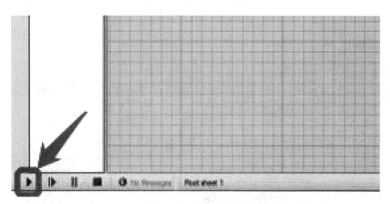

图 2.49　开始仿真

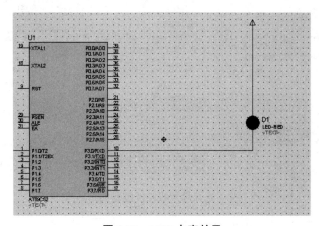

图 2.50　LED 点亮效果

2.5.3　利用 STC-ISP 软件进行程序烧录

推荐使用 CH340 下载器进行单片机烧录。在第一次使用 CH340 下载器进行程序烧录时,计算机可能无法识别 CH340 硬件,需要安装驱动程序。

CH340 下载器与单片机的接线方法如图 2.51 所示。

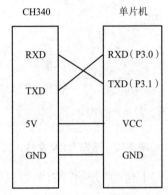

图 2.51　CH340 下载器与单片机的接线

程序烧录步骤如下:

1)运行 STC-ISP 应用程序;

2)选择对应的单片机芯片型号(厂家已刻蚀在单片机的封装表面)及串口号(根据 CH340 的实际位置选择),如图 2.52 所示。

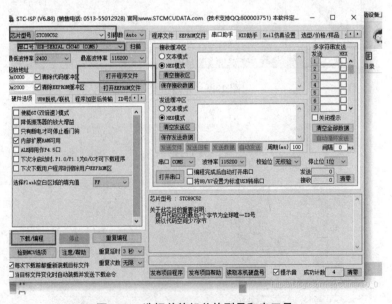

图 2.52　选择单片机芯片型号和串口号

3)如图 2.53 所示,选择对应的 HEX 文件。

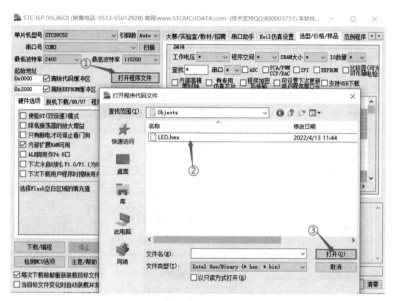

图 2.53　选择对应的 HEX 文件

4）如图 2.54 所示，点击【下载/编程】，进行程序下载。

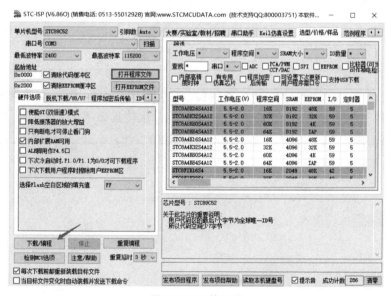

图 2.54　下载程序

5）给最小系统上电（冷启动：先点下载再给单片机上电，可以通过连接/断开 V_{CC} 接口实现）。

6）下载成功后，软件会在信息窗口中进行提示，如图 2.55 所示。此时，开发板上也会出现对应的效果。

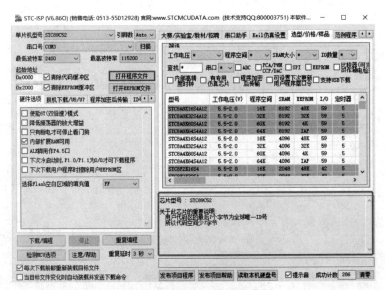

图 2.55　下载成功提示信息

2.6　本章小结

本章讲述了 Keil、Proteus 和 STC-ISP 软件的安装与使用方法,介绍了单片机应用程序的开发、仿真以及烧录过程。

思政要点:通过点亮单个 LED 的实验过程,在芯片选取、引脚选配、限流电阻使用以及接线过程中向学生强调必须的注意事项,培养学生精益求精的工匠精神。

第 3 章　定时电子沙漏

　　本章通过流水灯、数码管倒计时显示、点阵显示 3 个任务最终完成定时电子沙漏实验，使学生了解单片机的最小系统，了解 I/O 接口的结构和工作原理，掌握中断机制、计时器的使用，掌握数码管的使用方法。通过学习 LED 点阵的结构，掌握点阵行列的判断方法，掌握点阵显示的控制原理，培养学生的独立思考和动手实践能力。

　　定时电子沙漏成品效果如图 3.1 所示。

图 3.1　定时电子沙漏成品(含外壳)

3.1　任务1——流水灯

学习目标

- 了解二极管的导通性。
- 掌握 I/O 接口的使用。
- 熟悉限流电阻的阻值计算。
- 实现流水灯效果。

器件准备

序号	名称/型号	个数	Proteus 简称
1	STC89C52	1	AT89C52

续表

序号	名称/型号	个数	Proteus 简称
2	LED 灯	8	LED
3	电阻	8	RES

知识准备

3.1.1 二极管

（1）二极管的概念

二极管是最早诞生的一种半导体器件，其是利用硅、硒、锗等半导体材料制成的一种电子器件。二极管广泛应用在各种家用电器产品或工业控制电路中，与电阻、电容、电感等元器件连接构成各种电路，实现交流电整流、调制信号检波、限幅和钳位，以及对电源电压的稳压等功能。

二极管分为普通二极管、双向二极管、变容二极管、稳压二极管、发光二极管和红外发射二极管等。根据作用，二极管可细分为以下 9 种。

1）整流二极管：二极管具有单向导电性，可以把方向交替变化的交流电变换成单一方向的脉冲直流电。

2）限幅二极管：二极管在正向导通后，其正向压降基本保持不变；利用这一特性，在电路中可将其作为限幅元件，把信号幅度限制在一定范围内。

3）开关二极管：二极管具有单向导电性，在正向电压作用下导通，此时电阻很小，相当于一只接通的开关；在反向电压作用下，处于截止状态，此时电阻很大，相当于一只断开的开关；利用二极管的开关特性，可以组成各种逻辑电路。

4）续流二极管：二极管与产生感应电动势的元件并联成回路，可将产生的高电动势以续电流的方式在回路中消耗掉，从而保护电路中的元件不被击穿或烧坏。

5）稳压二极管：稳压二极管利用 PN 结在反向击穿状态下，基于电流可在很大范围内变化而电压基本不变的性质，起到稳压作用。

6）变容二极管：通过对变容二极管施加反向电压来改变其 PN 结的静电容量，从而实现变容功能，通常用于电视机高频头的频道转换和调谐电路。

7）显示二极管：用于各种显示器的发光二极管。

8）触发二极管：触发二极管是一种具有对称性的二端半导体器件，常用来触发双向可控硅，在电路中起过压保护等作用。

9）检波二极管：检波二极管的主要作用是将高频信号中的低频信号检出，经常用在收音机中。

（2）发光二极管

发光二极管（LED），由含镓（Ga）、砷（As）、磷（P）、氮（N）等的化合物制成，是一种常用发光器件，如图 3.2 所示。

图 3.2　发光二极管

发光二极管由一个 PN 结组成,具有单向导电性。在 PN 结中, N 区内的自由电子为多子,空穴为少子;而 P 区内的空穴为多子,自由电子为少子。当给发光二极管加上正向电压时, P 区的空穴会注入 N 区, N 区的电子会注入 P 区,这些空穴和电子在 PN 结附近分别与 N 区的电子和 P 区的空穴复合,复合过程会产生大量能量,而这些能量以光的形式释放出来,这就是二极管发光的原理(图 3.3)。由于不同的半导体材料中的电子和空穴所处的能量状态是不同的,当其加上正向电压后,电子和空穴复合时释放出的能量多少就不同,从而发出的光的波长便不同。因此,不同半导体材料制成的二极管会发出不同颜色的光。常用的是发红光、绿光或黄光的二极管。例如,砷化镓二极管发红光,磷化镓二极管发绿光,碳化硅二极管发黄光,氮化镓二极管发蓝光。目前,发光二极管已被广泛用于照明、显示屏、指示灯和信号灯等。

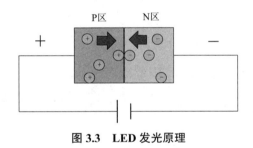

图 3.3　LED 发光原理

3.1.2　限流电阻

发光二极管的反向击穿电压高于 5 V,其正向伏安特性曲线很陡,使用时必须串联限流电阻以控制通过发光二极管的电流。

限流电阻是串联于电路中,为了避免过大电流烧坏元器件或电器的保护性电阻。限流电阻在限制所在支路电流的大小的同时,还能起分压作用。

限流电阻的作用是减小负载端电流,例如在发光二极管一端添加一个限流电阻可以减小流过发光二极管的电流,防止其损坏。限流电阻的计算公式为:

限流电阻阻值=(电源电压-LED 正向稳定电压)/LED 的工作电流

任务实施

3.1.3　电路设计及程序代码

(1)电路设计

本任务需要 8 个 LED 和 1 个 STC89C52 单片机,使用 8 个 I/O 接口进行控制,电路设计如图 3.4 所示。

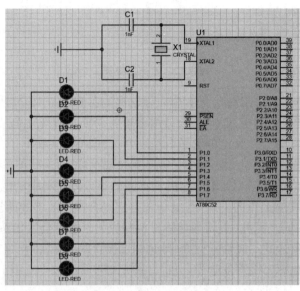

图 3.4　流水灯电路图

（2）程序代码

1）增加头文件的程序代码如下。

```
#include <reg52.h>
#include <stdlib.h>           //引入 C、C++语言的最常用的系统函数
```

2）延时函数的程序代码如下。

```
void delay1 s()              //延时 1 s
{
    int i ,j;
     for(i = 0;i<110; ++i){
     for(j = 0;j<500;++j){
       ;
     }
    }
}
```

（3）流水灯代码

```
void led1(){                 //正序
    unsigned char a=0x01;            //初始灯的状态
    int i=1;
    while(1){
```

```
    if(a == 0x00){                      //返回初始灯的状态
        a=0x01;
    }
                    //循环点亮 LED
    P1=a;                       //给 P1 端口整体赋值
    a=a<<1;                     //向左移位,低位补 0
    delay1 s();                 //延迟 1 s
    i++;
    if(i==8){
        return;
    }
    }
}
void led2(){                    //倒序
    unsigned char b = 0x80;
    int i=1;
    while(1)
    {
    if(b == 0x00)               //如果高位溢出
    {
        b = 0x80;               //则恢复
    }
                    //循环点亮 LED
        P1 = b;
        b = b>>1;
        delay1 s();

        i++;
        if(i==8){
            return;
        }
    }
}
void led3(){                    //正序跳亮
    unsigned char a=0x01;
    int i=0;
    int r =2;
    while(1){
```

```c
    if(a == 0x00){
        a=0x01;
    }
    P1=a;
    a=a << r;
    delay1 s();
    i++;
    if(r==1){
        r=2;
    }
    if(i==(8/r)){
        return;
    }
    }
}
//从两端到中间亮
void led4(){
        //code 的作用是告诉单片机,所定义的数据要放在 ROM(程序存储区)
里,写入后就不能再更改
        //从两端到中间亮
    unsigned char code TABLE1[]={0x00,0x81,0xC3,0xE7,0xFF};
        //从两端到中间暗
    unsigned char code TABLE2[]={0x7E,0x3C,0x18,0x00};
    while(1){
        int i;
        for(i=0;i<sizeof(TABLE1);i++){                //从两端到中间亮
            P1=TABLE1[i];
            delay1 s();
        }
        for(i=0;i<sizeof(TABLE2);i++){                //从两端到中间暗
            P1=TABLE2[i];
            delay1 s();
        }
        return;
    }
}
```

主函数的程序代码如下。

```
void main()
{
 while(1){
int num=rand() % 4 +1;                    //rand()产生随机数,此处产生( 0~3 )+ 1—>1~4
   switch(num){                           //随机显示不同样式的流水灯
   case 1:
     led1();                              //正序流水灯
   case 2:
     led2();                              //倒序流水灯
   case 3:
     led3();                              //正序跳亮
   case 4:
     led4();                              //从两端到中间亮
   }
  }
}
```

3.1.4　作品展示

完成的流水灯如图 3.5 所示。

图 3.5　流水灯实物

思政要点:在练习中启发学生积极创新,制作含有"红色"元素的流水灯造型,培养学生的创新意识及爱国热情。

3.2 任务 2——数码管倒计时显示

学习目标

- 了解数码管的结构。
- 掌握数码管显示码的应用。
- 掌握数码管显示的控制原理。

器件准备

序号	名称/型号	个数	Proteus 简称
1	STC89C52	1	AT89C52
2	两位数码管	1	SEG
3	电阻	8	RES

知识准备

3.2.1 数码管结构与原理

（1）数码管的概念

数码管是一种半导体发光器件,其基本单元是 LED,常见的数码管有七段数码管、八段数码管(比七段数码管多一个小数点位置,如图 3.6 所示)和其他类型数码管。图 3.7 所示为"米"字数码管。

图 3.6 八段数码管

图 3.7 "米"字数码管

本教材中所有实验使用的均为八段数码管。八段数码管是由 8 个 LED 封装在一起组成的"8"字形的发光器件,相关引线已在内部连接完毕。组成八段数码管的 8 个 LED 通常用 a、b、c、d、e、f、g、dp 来表示,每一个 LED 称为一段,其引脚如图 3.8 所示。

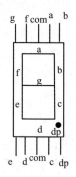

图 3.8　八段数码管的引脚

八段数码管分为共阴极数码管和共阳极数码管。对于共阴极数码管,它的 8 个 LED 的阴极在数码管内部全部连接在一起,而阳极是相互独立的,所以称为"共阴极",如图 3.9(a)所示;对于共阳极数码管,它的 8 个 LED 的阳极在数码管内部是连接在一起的,而阴极是相互独立的,所以称为"共阳极",如图 3.9(b)所示。数码管上共同接在一起的一端称为公共端,另一端称为段选端。

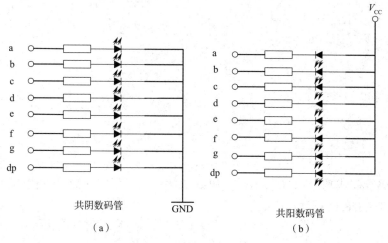

图 3.9　八段数码管的引脚图

(a)共阴极数码管　(b)共阳极数码管

(2)显示原理

以共阳极数码管为例,该数码管可以显示数字 0~9 和字母 A~F 共 16 种字符。例如,要显示数字"0",abcdef 这 6 段需要点亮, g 和 dp 处于熄灭状态。因为是共阳极数码管,其阳极都是连在一起的,只有在公共端输入高电平并在每个段对应的段选端输入低电平,才能点亮对应的段。所以 abcdef 这 6 段对应的段选引脚需要输入低电平,公共端需要输入高电平。以此类推,各种数字和字母都可以用这个方式进行显示。

假设利用 P1 端口的 8 个引脚分别连接数码管 a、b、c、d、e、f、g、dp 对应的段选引脚,com 接电源。如要让数码管显示数字"0",则 a、b、c、d、e、f 这 6 段需点亮,也就是单片机需要输出低电平;g 和 dp 需要保持熄灭状态,也就是需要输出高电平。相关程序代码如下。

```
//引脚定义,按位控制数码管
s bit a= P1^0;
s bit b= P1^1;
s bit c= P1^2;
s bit d= P1^3;
s bit e= P1^4;
s bit f= P1^5;
s bit g= P1^6;
s bit dp=P1^7;
void main()                    //主函数
{
    while(1)
    {
        a=0;
        b=0;
        c=0;
        d=0;
        e=0;
        f=0;
        g=1;
        dp=1;
    }
}
```

这样数码管就成功显示"0",不过代码好像比较长。可以精简一下代码,直接给 P1 端口赋值十六进制 0xC0,程序代码如下。

```
//主函数
    while(1)
    {
        P1=0xC0;
```

数码管此时仍然显示的是"0"。所以我们推荐使用对应的十六进制数直接给 P1 端口进行整体赋值,这样的代码比较简练。

3.2.2　段码表

共阳极数码管与共阴极数码管对应的段码数据相反。例如,如当显示数字"0"时,共阳极数码管的段选代码(段码)应该为 0xC0,共阴极数码管的段码应该为 0x3F。共阳极数码管和共阴极数码管的段码表分别见表 3.1 和表 3.2。注意,当将二进制转换成十六进制的时候,最高位是 dp,最低位是 a,与表 3.1 和表 3.2 中的二进制段码的顺序正好相反。

表 3.1　共阳极数码管段码表

显示内容	段码（二进制格式）								共阳段码（十六进制格式）
	a	b	c	d	e	f	g	dp	
0	0	0	0	0	0	0	1	1	0xC0
1	1	0	0	1	1	1	1	1	0xF9
2	0	0	1	0	0	1	0	1	0xA4
3	0	0	0	0	1	1	0	1	0xB0
4	1	0	0	1	1	0	0	1	0x99
5	0	1	0	0	1	0	0	1	0x92
6	0	1	0	0	0	0	0	1	0x82
7	0	0	0	1	1	1	1	1	0xF8
8	0	0	0	0	0	0	0	1	0x80
9	0	0	0	0	1	0	0	1	0x90
A	0	0	0	1	0	0	0	1	0x88
B	1	1	0	0	0	0	0	1	0x83
C	0	1	1	0	0	0	1	1	0xC6
D	1	0	0	0	0	1	0	1	0xA1
E	0	1	1	0	0	0	0	1	0x86
F	0	1	1	1	0	0	0	1	0x8E

表 3.2　共阴极数码管段码表

显示内容	段码（二进制格式）								共阴段码（十六进制格式）
	a	b	c	d	e	f	g	dp	
0	1	1	1	1	1	1	0	0	0x3F
1	0	1	1	0	0	0	0	0	0x06
2	1	1	0	1	1	0	1	0	0x5B
3	1	1	1	1	0	0	1	0	0x4F
4	0	1	1	0	0	1	1	0	0x66
5	1	0	1	1	0	1	1	0	0x6D
6	1	0	1	1	1	1	1	0	0x7D
7	1	1	1	0	0	0	0	0	0x07
8	1	1	1	1	1	1	1	0	0x7F
9	1	1	1	1	0	1	1	0	0x6F
A	1	1	1	0	1	1	1	0	0x77
B	0	0	1	1	1	1	1	0	0x7C
C	1	0	0	1	1	1	0	0	0x39
D	0	1	1	1	1	0	1	0	0x5E

续表

显示内容	段码（二进制格式）								共阴段码（十六进制格式）
	a	b	c	d	e	f	g	dp	
E	1	0	0	1	1	1	1	0	0x79
F	1	0	0	0	1	1	1	0	0x71

3.2.3　两位数码管的显示

两位数码管的显示利用的是人眼的视觉暂留效应,实际上两个数码管是交替显示的,但是因为交替的速度十分快,所以观察者会因视觉暂留效应,而感觉到两个数码管是同时显示的。

视觉暂留效应,又称为余晖效应,1824 年由英国伦敦大学教授皮特·马克·罗葛特在他的研究报告《移动物体的视觉暂留现象》中最先提出。罗葛特指出,人眼在观察物体时,光信号传入大脑神经需经过一段短暂的时间,光的作用结束后,脑中的视觉形象并不立即消失。他将这种残留的视觉称为"后像",这一现象则被称为视觉暂留效应(或余晖效应)。

以两位共阳极数码管显示数字"10"为例。假如使用 P2 的 8 个引脚分别连接数码管的a、b、c、d、e、f、g、dp 对应的段选引脚,使用单片机的 P3.0 端口(控制十位)、P3.1 端口(控制个位)连接两位数码管的位选引脚。因为需要十位显示"1",个位显示"0",首先需要将数码管的十位使能,也就是单片机的 P3.0 输出 1,P3.1 输出 0,紧接着给 P2 赋值使数码管显示"1"的十六进制数 0xF9,之后需要延迟一会(利用视觉暂留效应);然后使十位失能并使个位使能,也就是单片机的 P3.0 输出 0, P3.1 输出 1;此后给 P2 赋值使数码管显示"0"的十六进制数 0xC0,然后再延迟一会(利用视觉暂留效应);再将数码管的十位和个位都失能,也就是 P3.0 输出 0, P3.1 输出 0。只需重复上述操作,就可以使观察者看到数码管显示"10"了。在利用代码实现时,可以采用一个 for 循环达到重复显示的效果,具体代码如下。

```
for(j=0;j<15;j++)              //延长数字存在时间
{
    led0=1;                //P3.0   使能十位
led1=0;                //P3.1   失能个位
    P2=0xF9;               //十位显示"1"
    delay(20);             //产生视觉暂留效应
led0=0;                //P3.0   失能十位
led1=1;                //P3.1   使能个位
    P2=0xC0;               //个位显示"0"
    delay(20);             //产生视觉暂留效应
led0=0;                //P3.0   失能十位
led1=0;                //P3.1   失能个位
```

任务实施

3.2.4　电路设计及程序代码

（1）电路设计

实验使用两位共阳极数码管和 STC89C52 单片机,使用 8 个 I/O 向数码管输出段选信号,使用 2 个 I/O 接口向数码管输出位选信号,电路设计如图 3.10 所示。

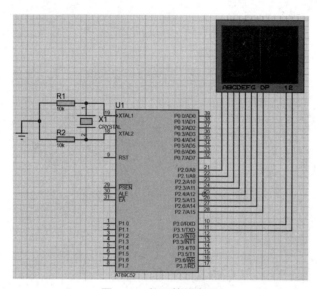

图 3.10　数码管仿真图

（2）程序代码

1）引入头文件的程序代码如下。

```
#include <reg52.h>
```

2）引脚定义及初始化的程序代码如下。

```
//设置位选引脚
s bit led0= P3^0;
s bit led1= P3^1;
```

3）数码选段表的程序代码如下。

```
//code 的作用是告诉单片机,所定义的数据要放在 ROM(程序存储区)里,写入后就不能再更改
//0~9 共阳段码表
unsigned char code TABLE1[]={0xC0,0xF9,0xA4,0xB0,0x99,0x92,0x82,0xF8,0x80, 0x90};
```

4）延时函数的程序代码如下

```
void delay(int m)                    //延时函数
```

```
{
    int i ,j;
        for(i = 0;i<110; ++i){
        for(j = 0;j<m;++j){
            ;
        }
                    }
}
```

5）两位数码管显示的程序代码如下。

```
void SMG()
{
//十位
    int s;
                    //个位
    int g;

    int i;
    int j;
for(i=35;i>=0;i--)                //设置倒计时时间
    {

    s=i/10;                //获取十位数
    g=i%10;                //获取个位数
     for(j=0;j<11;j++)                //延长数字存在时间
    {
            led0=1;                //P3.0  使能十位
led1=0;                //P3.1  失能个位
            P2=TABLE1[s];
            delay(20);                //产生视觉暂留效应
led0=0;                //P3.0  失能十位
led1=1;                //P3.1  使能个位
            P2=TABLE1[g];
            delay(20);                //产生视觉暂留效应
led0=0;                //P3.0  失能十位
led1=0;                //P3.1  失能个位
    }
    }
```

```
}
```

6）主函数的程序代码如下

```
void main()
{
while(1)
{
SMG();                    //数码管倒计时显示
}
}
```

3.2.5 作品展示

完成的两位数码管倒计时显示如图 3.11 所示。

图 3.11 两位数码管倒计时

思政要点：①播放北斗卫星成功发射的视频，引出数码管倒计时任务，增强学生的民族自豪感和爱国情怀；②通过视觉暂留效应的动态效果图，讲解动态显示原理，让学生明白有时候眼见也不一定为实，只有通过实践才能发现真问题。

3.3 任务 3——点阵显示

学习目标

- 了解 LED 点阵的结构。
- 掌握点阵行列的判断方法。
- 掌握点阵显示的控制原理。

器件准备

序号	名称/型号	个数	Proteus 简称
1	STC89C52	1	AT89C52
2	8×8 点阵	1	MATRIX-8X8-RED

知识准备

3.3.1 LED 点阵知识

（1）LED 点阵概述

LED 点阵是由发光二极管以矩阵形式排列组成的点阵显示器，它以 LED 灯珠的亮灭来显示文字、图片、动画和视频等，如图 3.12 所示。相比于单个 LED 或者数码管，LED 点阵能够显示更为复杂的图形信息，广泛应用于街道、车站、码头等处的户外显示屏、广告显示屏等。

图 3.12　LED 点阵实物图

（2）LED 点阵内部结构

LED 点阵按照大小分为很多种，常见的有 4×4、8×8、16×16 等。其中，4×4 表示点阵的大小为 4 行 4 列。本教材以 8×8 点阵为例进行讲解,其内部结构原理如图 3.13 所示。

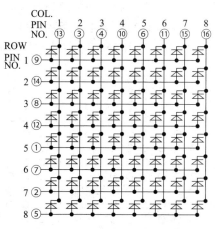

图 3.13　LED 点阵内部结构原理

8×8 点阵由 64 个 LED 组成,每个 LED 布置在行线和列线的交叉点上,当对应的某一行置高电平,某一列置低电平,则交叉点处的 LED 就亮。在图 3.13 中,左侧的 8 个引脚连接 LED 点阵内部 LED 的阳极,上侧的 8 个引脚连接内部 LED 的阴极。如果要点亮右上角的 LED,则行 1 即 9 号引脚置高电平,列 8 即 16 号引脚置低电平;如果要点亮第二行的全部 8 个 LED,则行 2 即 14 号引脚置高电平,列 1~8 即 13、3、4、10、6、11、15、16 号引脚全部置低电平;如果要点亮第一列的全部 8 个 LED,则行 1~8 即 9、14、8、12、1、7、2、5 号引脚全部置高电平,列 1 即 13 号引脚置低电平。

（3）LED 点阵显示方式

单个 LED 点阵常采用动态扫描的方式进行显示,通过逐行或者逐列扫描方式按行或按列显示。本教材以逐行高电平扫描方式为例,进行讲解。

如图 3.14 所示,显示心形"❤"图形的点阵代码为:FFH、99H、⋯。显示该图形时,行引脚从第 1 行开始轮流快速地置高电平,单片机向列引脚上输入点阵代码,在任意时刻 LED 点阵只有某一行是处于工作状态的,由于视觉暂留效应的存在,观看者会感到 8 行点阵是同时显示的。这里要注意逐行显示的持续时间,如果持续显示时间太短,则 LED 点阵的显示亮度不足,若持续显示时间太长,将会使观看者感觉到闪烁。

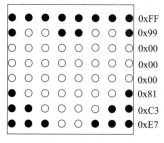

图 3.14　8×8LED 点阵

（4）多个 LED 点阵的连接

由于单个 LED 点阵的尺寸有限，能够显示的信息也有限，当需要显示汉字或者更复杂的图形、动画等信息时，需要将多个 LED 点阵进行连接，组合成更大的显示屏。如图 3.15 所示，将 4 块 8×8 点阵进行连接，构成一个 16×16 点阵大显示屏。

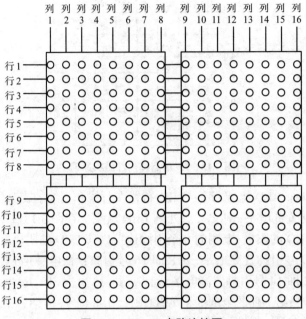

图 3.15　16×16 点阵连接图

由于单片机的 I/O 接口有限，在使用多个 LED 点阵显示时，建议使用 74HC138 或 74HC595 节省 I/O 接口资源，本教材对此不做讲解，感兴趣的读者可自行查阅相关资料。

任务实施

3.3.2　点阵图形的静态显示

（1）电路设计

将单片机的 P2 端口连接 LED 点阵的阳极，P3 端口连接 LED 点阵的阴极，如图 3.16 所示。这里使用的是网络标号连线法。本教材不对网络标号连线法进行具体阐述，感兴趣的读者可查阅相关文献。

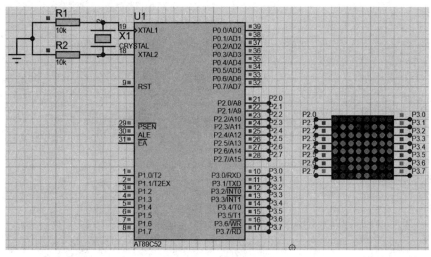

图 3.16　电路设计图

（2）程序代码

利用单个 LED 点阵显示静态心形 "❤" 图形，具体程序代码如下。

1）引入头文件的程序代码如下。

```
#include <reg52.h>
```

2）引脚定义及初始化的程序代码如下。

```
//以逐行高电平扫描的方式,仿真图中P2端口连接点阵的阳极
char row[8]={0x01,0x02,0x04,0x08,0x10,0x20,0x40,0x80};
//列数据(这里是心形的数据),仿真图中P3端口连接点阵的阴极
char list[8]={0xFF,0x99,0x00,0x00,0x00,0x81,0xC3,0xE7};
//i是让点阵的形状持续一定时间,j用于循环切换
unsigned int i,j;
```

3）延时函数的程序代码如下。

```
//延时函数
void delay(int m)
{
  int i ,j;                //形参只在该函数内生效
  for(i = 0;i<110; ++i){
      for(j = 0;j<m;++j){
      }
  }
}
```

4）心形显示函数的程序代码如下。

```
//静态显示
void dz()
{
for(i=0;i<15;i++)                      //使点阵形状持续一段时间
{
for(j=0;j<8;j++)                       //使用 for 循环不断切换行和列
{
P2=row[j];              //控制行数据
P3=list[j];             //控制列数据
delay(0);               //需要一定的延迟,形成"余晖效应"
}
  }
}
```

5)主函数的程序代码如下。

```
void main()
{
while(1)
{
dz();              //调取心形显示函数
}
}
```

3.3.3　点阵图形的动态显示

当用 LED 点阵显示较复杂的文字或者图像时,可以使用字模提取软件方便地获取显示内容的十六进制编码,本小节将详细介绍一款字模提取软件的使用方法。

(1)字模提取方法

1)在"字模提取 V2.2"软件中新建图像,在【基本操作】栏中选择【新建图像】,然后输入新建图像的宽度和高度,如图 3.17 所示。

2)新建图像后,选择左侧工具栏中的【模拟动画】,再点击【放大格点】选项,一直放大到最大,然后可在 8×8 点阵图形中用鼠标填充黑点绘制图形。注意:字模提取软件中黑色取为 1,白色取为 0。

3)还以上小节中的心形"❤"图形显示为例,进行说明。将单片机的 P3 端口连接 LED 点阵的阴极,控制点阵的列显示。选择字模提取软件左侧工具栏中的【参数设置】选项,再点击【其他选项】,然后通过勾选【横向取模】设置横向取模方式,如图 3.18 所示。注意:【字节倒序】选项的功能是将图像镜像取模,可以根据实际情况决定是否勾选。

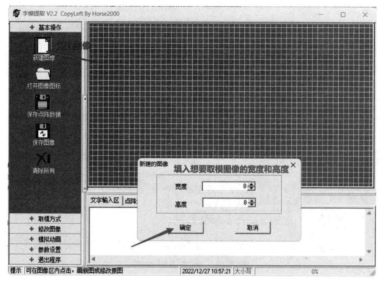

图 3.17　字模提取软件

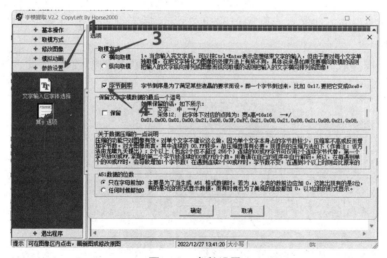

图 3.18　参数设置

4）在取模时，也可以点击工具栏中的【修改图像】，再点击【黑白反转】，可以快速反转所有取模的值。

5）当显示心形"❤"图形时，使用鼠标进行填充，白色区域为点阵显示的部分。利用鼠标点击填充完成后，可生成取模数据，如图 3.19 所示。

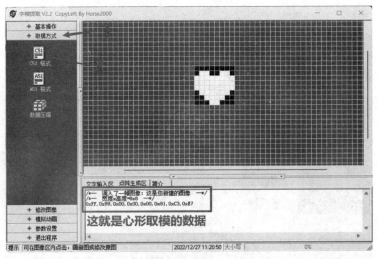

图 3.19　生成取模数据

（2）点阵图形的纵向移动

前面内容学了如何显示一个静态心形"❤"图形,那如何实现点阵图形的动态显示呢？下面主要通过编程的方法实现点阵图形的动态显示,显示点阵图形"I ❤ P H U"的纵向移动图像。

1）利用字模提取软件填充绘制图形,然后生成显示内容的模数据,如图 3.20 所示。

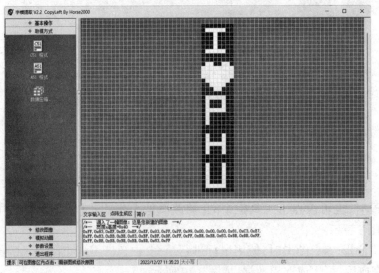

图 3.20　画图取模（横向取模）

2）数据取模数组如下。

0xFF,0x83,0xEF,0xEF,0xEF,0xEF,0x83,0xFF,0xFF,0x99,0x00,0x00,0x00,0x81,
0xC3,0xE7,0xFF,0x83,0xBB,0xBB,0x83,0xBF,0xBF,0xBF,0xFF,0xFF,0xBB,0xBB,
0x83,0xBB,0xB,0xFF,0xFF,0xBB,0xBB,0xBB,0xBB,0xBB,0x83,0xFF

列循环数组如下。

　　　0x01,0x02,0x04,0x08,0x10,0x20,0x40,0x80

取模完成的图形点阵数据共有 40 条,每 8 行显示一个字符。因此,每向上移动 8 行就产生一个新图形,一共有 5 个图形。

使用一个变量 index 作为偏移取模数组的下标,当点阵的 8 行循环完,index 再加 1,并将下标赋值给列数组的下标,然后不停地进行动态刷新,这样静态图形就变成纵向移动的动态图像了。

(3)点阵图形的横向移动

如要把上述图形横向显示,有些同学可能会想到把板子旋转 90° 放置,然后进行纵向取模就可以了。实际上是不能这么做的,需要通过程序实现点阵图形的横向移动。此处,依然利用 LED 点阵显示"I ❤ P H U"图形的动态图像,但与纵向移动不同,实现横向移动不仅在取模的时候需要进行纵向取模,另外还需要用 P2 端口控制行数据,用 P3 端口控制列数据,这样才能达到横向移动的效果。所以需重写循环切换的数组,以及在取模时将黑色的部分作为点阵显示的部分,因为 P2 端口连接 LED 点阵的阳极。

1)先利用取模软件绘制"I ❤ P H U"图形,如图 3.21 所示。

图 3.21　画图取模(纵向取模)

2)数据取模数组如下。

0x00,0x82,0x82,0xFE,0x82,0x82,0x00,0x00,0x1C,0x3E,0x7E,0xFC,0xFC,0x7E,
0x3E,0x1C,0x00,0x00,0xFE,0x12,0x12,0x12,0x1E,0x00,0x00,0xFE,0x10,0x10,0x10,
0xFE,0x00,0x00,0xFE,0x80,0x80,0x80,0xFE,0x00,0x00,0x00

列循环数组如下。

　　　0xFE,0xFD,0xFB,0xF7,0xEF,0xDF,0xBF,0x7 F

取模完成的图形点阵数据共有 40 条,每 8 列显示一个字符。因此,每横向移动 8 列就产生一个新图形,一共有 5 个图形。

使用一个变量 index 作为偏移取模数组的下标,当点阵的 8 列循环完,index 再加 1,并将下标赋值给列数组的下标,然后不停地进行动态刷新,这样静态图形就变成横向移动的动态图像了。

（4）电路设计

单片机 P2 端口的 8 个引脚分别连接 LED 点阵的 8 个阳极引脚，P3 端口的 8 个引脚分别连接 LED 点阵的 8 个阴极引脚，如图 3.22 所示。

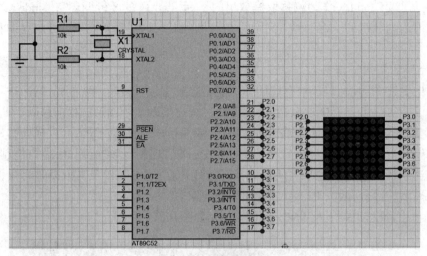

图 3.22　电路设计图

（5）程序代码

Ⅰ. 纵向移动程序代码

1）引入头文件的程序代码如下。

```
#include <reg52.h>
```

2）引脚初始化的程序代码如下。

采用逐行高电平扫描的方式，用单片机的 P2 端口连接 LED 点阵的阳极，代码如下。

```
char row[8]={0x01,0x02,0x04,0x08,0x10,0x20,0x40,0x80};
/*
```

对于列数据，用 P3 端口连接 LED 点阵的阴极。用 code 命令将数据储存在 flash 中。因为 flash 内存的容量较大，有一些比较大且在程序运行中不需要变动的数据，可以存储在 flash 中，代码如下。

```
*/
char    code    list[40]={0xFF,0xC1,0xF7,0xF7,0xF7,0xF7,0xC1,0xFF,0xFF,0x99,0x00,0x00,
0x00,0x81,0xC3,0xE7,0xFF,0xC1,0xDD,0xDD,0xC1,0xFD,0xFD,0xFD,0xFF,0xFF,0xDD,0xDD,
0xC1,0xDD, 0xDD,0xFF,0xFF,0xDD,0xDD,0xDD,0xDD,0xDD,0xC1,0xFF};
//用 index 偏移取模数组的下标
unsigned int index;
//i 用于让点阵的形状持续一定时间,j 用于循环切换
```

```
unsigned int i,j;
```

3）延时函数的程序代码如下。

```
//延时函数
void delay(int m)
{
    int i ,j;                    //形参只在该函数内生效
    for(i = 0;i<110; ++i){
    for(j = 0;j<m;++j){


    }
  }
}
```

4）纵向动态显示点阵函数的程序代码如下。

```
//"I ❤ PHU"向上移动,横向取模,字节倒序,白色为取模图像
void dz()
{
//向上移动
for(i=0;i<15;i++)                    //使点阵形状持续一段时间
    {
    for(j=0;j<8;j++)                    //使用 for 循环不断切换行和列的数据
    {
    P2=row[j];                //控制行数据
    P3=list[j+index];                //控制列数据
    delay(0);                //需要一定的延迟,形成"余晖效应"
    }
    }
    index++;                //当点阵的 8 行循环完,进列加 1
    if(index>=32)                //5×8=40,只需要偏移 32 位即可
    {
    index=0;                //动态显示完成后将偏移数归 0
    }
}
```

5）主函数的程序代码如下。

```
void main()
{
```

```
while(1)
{
dz();                      //调取纵向动态显示函数
}
}
```

Ⅱ. 横向移动程序代码

1）引入头文件的程序代码如下。

```
#include <reg52.h>
```

2）引脚初始化的程序代码如下。

采用逐列低电平扫描的方式,用单片机的 P3 端口连接 LED 点阵的阴极,代码如下。

```
char list[8]={ 0xFE,0xFD,0xFB,0xF7,0xEF,0xDF,0xBF,0x7F};
/*
```

对于行数据,用单片机的 P2 端口连接 LED 点阵的阳极。同样用 code 命令将数据储存在 flash 中,代码如下。

```
*/
char code row[40]={ 0x00,0x82,0x82,0xFE,0x82,0x82,0x00,0x00,0x1C,0x3E,0x7E, 0xFC,0x-
FC,0x7E,0x3E,0x1C,0x00,0x00,0xFE,0x12,0x12,0x12,0x1E,0x00,0x00,0xFE,0x10,0x10,0x10
,0xFE,0x00,0x00,0xFE,0x80,0x80,0x80,0xFE,0x00,0x00,0x00};
//用 index 偏移取模数组的下标
unsigned int index;
//i 用于让点阵的形状持续一定时间,j 用于循环切换
unsigned int i,j;
```

3）延时函数的程序代码如下。

```
//延时函数
void delay(int m)
{
    int i ,j;                   //形参只在该函数内生效
    for(i = 0;i<110; ++i){
    for(j = 0;j<m;++j){

    }
  }
}
```

4）横向动态显示点阵函数的程序代码如下。

```
//"I ❤ PHU"向左移动,纵向取模,字节倒序,黑色为取模图像
void dz()
{
//向左移动
for(i=0;i<15;i++)                    //使点阵形状持续一段时间
    {
    for(j=0;j<8;j++)                 //使用 for 循环不断切换行和列的数据
    {
    P3=list[j];                      //控制列数据
    P2=row[j+index];                 //控制行数据
    delay(0);                        //需要一定的延迟,形成"余晖效应"
    }
    }
    index++;                         //当点阵的 8 列循环完,进行加 1
    if(index>=32)                    //5×8=40,只需要偏移 32 位即可
    {
    index=0;                         //动态显示完成后将偏移数归 0
    }
}
```

5)主函数的程序代码如下。

```
void main()
{
while(1)
{
dz();                    //调取横向动态显示函数
}
}
```

3.3.4　作品展示

（1）静态显示作品显示

完成的心形 "❤" 图形静态显示结果如图 3.23 所示。

图 3.23　点阵图形的静态显示

（2）动态图形显示

"I ❤ PHU"图形的纵向动态显示和横向动态显示分别如图 3.24 和图 3.25 所示。

图 3.24　点阵图形的纵向动态显示

图 3.25　点阵图形的横向动态显示

3.4 项目实践——定时电子沙漏

3.4.1 电路设计及程序代码

（1）电路设计

定时电子沙漏使用 2 个 8×8 的 LED 点阵和 AT89C52 单片机,单片机的 P2 端口的 8 个 I/O 接口控制 LED 点阵的列,P1 和 P3 端口分别控制 2 个 LED 点阵的行。电路如图 3.26 所示。

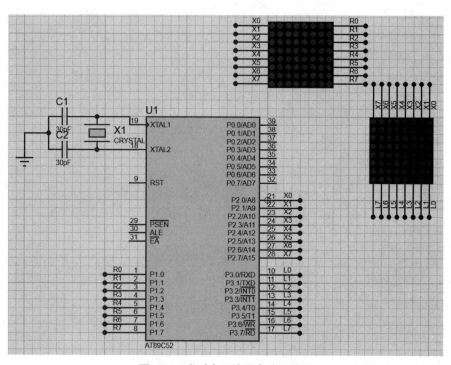

图 3.26 定时电子沙漏电路设计图

（2）程序代码

1）引入头文件的程序代码如下。

```
#include <reg52.h>
```

2）引脚定义及初始化的程序代码如下。

```
int a[8]={0x01,0x02,0x04,0x08,0x10,0x20,0x40,0x80};              //控制列
int b[9]={0xFF,0xFE,0xFC,0xF8,0xF0,0xE0,0xC0,0x80,0x00};         //动态效果
int dz1[8]={0xFF,0xFF,0xFF,0xFF,0xFF,0xFF,0xFF,0xFF};            //控制下方点阵的行
int dz2[8]={0x00,0x00,0x00,0x00,0x00,0x00,0x00,0x00};           //控制上方点阵
的行
```

3）延时函数的程序代码如下。

```c
void delay(int x){
    unsigned int i,j;
    for(i=0;i<x;i++)
    for(j=0;j<121;j++);
}
```

4）显示点阵的程序代码如下。

```c
void disp(){
    unsigned int n,j;
    for(n=0;n<20;n++){
        for(j=0;j<8;j++){
            P2=a[j];              //控制列
            P3=dz1[j];            //控制下方点阵的行
                    P1=dz2[j];            //控制上方点阵的行
            delay(1);
        }
    }
}
```

5）主函数的程序代码如下。

```c
void main(){
    unsigned int i,j,x,y,n;            //x,y表示当前坐标,i,j,n用于循环
    for(i=2;i<10;i++){                //点阵左上三角动态移动
        for(j=1;j<i;j++){
            x=j;
            y=i-j;
            dz2[x-1]=b[8-y];
            for(n=0;n<8-i/2;n++){

                dz1[7-n]=dz1[7-n]^a[7-n];
                disp();
                dz1[7-n]=dz1[7-n]^a[7-n];
            }
            dz1[x-1]=b[y];
            disp();
        }
    }
}
```

```
for(i=10;i<17;i++){                    //点阵右下三角动态移动
  for(j=i-8;j<9;j++){
    x=j;
    y=i-j;

    dz2[x-1]=b[8-y];
    for(n=0;n<8-i/2;n++){
      dz1[7-n]=dz1[7-n]^a[7-n];
      disp();
      dz1[7-n]=dz1[7-n]^a[7-n];
    }
    dz1[x-1]=b[y];
    disp();

  }
 }
}
```

3.4.2　作品展示

完成的定时电子沙漏电路实物如图 3.27 所示。

图 3.27　定时电子沙漏电路实物

3.5　本章小结

发光二极管(LED)是最常见的显示元件,单片机的 I/O 接口通过高低电平驱动 LED 工作。建议使用低电平驱动,以防止 LED 损坏。此外,还应添加限流电阻,以减小流过 LED 的电流,起到保护元件的作用。

数码管是由 8 个 LED 封装在一起组成的可以显示"8"字形的器件。按照公共端连线方式的不同,数码管可分为共阳极数码管和共阴极数码管。单片机通过控制数码管中不同 LED 的点亮与熄灭,显示简单数字或图形。单个数码管的显示一般使用静态显示的方式,多位数码管的显示一般通过交替显示的方式实现,即利用视觉暂留效应,使多个数码管快速交替显示,达到多位数码管同时显示内容的效果。

8×8 点阵屏由 64 个 LED 组成,可以使用字模提取软件方便地获取显示内容的十六进制编码,数码管分为静态显示和动态显示两种显示方式。

第 4 章　矩阵键盘密码锁

本章通过按键计数器、多按键密码锁、矩阵键盘 3 个任务最终完成矩阵键盘密码锁实验,使学生熟悉中断系统的工作原理,掌握外部中断和定时中断相关寄存器的设置方法及其初始化过程,掌握定时/计数器的控制原理和工作方式,掌握矩阵键盘的工作原理、连线方式以及扫描方式。在教学过程中,将矩阵键盘类比于 LED 点阵,引导学生举一反三地学习矩阵键盘的工作原理和扫描方式,从而培养学生的自学习能力。

矩阵键盘密码锁的成品效果如图 4.1 所示。

图 4.1　矩阵键盘密码锁的成品效果

4.1　任务 1——按键计数器

学习目标

- 熟悉中断系统的工作原理。
- 掌握外部中断相关寄存器的设置方法。
- 掌握外部中断的初始化步骤。

器件准备

序号	名称/型号	个数	Proteus 简称
1	STC89C52RC	1	AT89C52
2	共阳极数码管	1	7SEG-MPX2-CA

序号	名称/型号	个数	Proteus 简称
3	按键	2	BUTTON
4	30 pF	2	CAP
5	12 MHz	1	CRYSTAL

知识准备

4.1.1　单片机的中断系统

中断系统是单片机应用系统的重要组成部分,是 CPU 与 I/O 设备间进行数据交换的一种控制方式。在单片机系统中,中断技术主要用于实时监测与控制。

当单片机正在处理某一事件 A 时,若发生了另一事件 B 请求单片机迅速去处理,单片机暂时中止当前处理事件 A 的工作,转去处理事件 B,待将事件 B 处理完毕后,再回到原来处理事件 A 时被中断的地方继续工作,这一过程称为中断,如图 4.2 所示。引起单片机中断的来源称为中断源。中断源向单片机提出的处理请求称为中断请求。单片机暂时中断当前处理的事件 A,转去处理事件 B 的过程,称为中断响应。对事件 B 的整个处理过程称为中断服务。处理完毕后,单片机再回到原来被中断的地方(断点),称为中断返回。实现上述中断功能的部件称为中断系统。

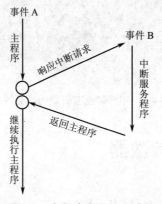

图 4.2　中断响应和处理过程

单片机如果没有中断系统,那么单片机可能会浪费大量时间,来定时查询是否有服务请求发生,即无论是否有服务请求发生,都必须进行查询操作。采用中断技术后,完全消除了单片机在查询方式中的等待现象,极大地提高了单片机的工作效率和实时性。由于中断工作方式的优点极为明显,因此,单片机的片内硬件中都带有中断系统。

4.1.2　单片机的中断系统结构

以 STC89C52 单片机为例,其中断系统有 8 个中断源,4 个中断优先级,可以实现二级中断服务嵌套。每个中断源可以利用软件独立地进行控制,可设置单片机为允许中断或关闭中断状态;每个中断源的中断优先级同样可以利用软件进行设置。STC89C52 单片机的中断系统由片内特殊功能寄存器(中断请求标志寄存器 TCON 和 SCON,中断允许控制寄存器 IE 和 XICON,中断优先级控制寄存器 IP/XIOCN 和 IPH)和内部查询电路组成,如图 4.3 所示。

　　　对于中断请求标志寄存器 TCON 和 SCON,定时器/计数器 Timer0 和 Timer1 控制 TCON、定时器/计数器 2 Timer2 控制寄存器 T2CON,其相应位为 1 时表示对应的中断请求被屏蔽,相应位为 0 时表示允许该中断请求;串行接口控制寄存器 SCON;中断允许控制寄存器 IE 和 XICON 控制 CPU 是否允许中断请求;中断优先级控制寄存器 IP/XICON 和 IPH 指定各中断源的优先级。在同一优先级内,各中断同时提出中断请求时,由内部的查询逻辑确定其响应次序。

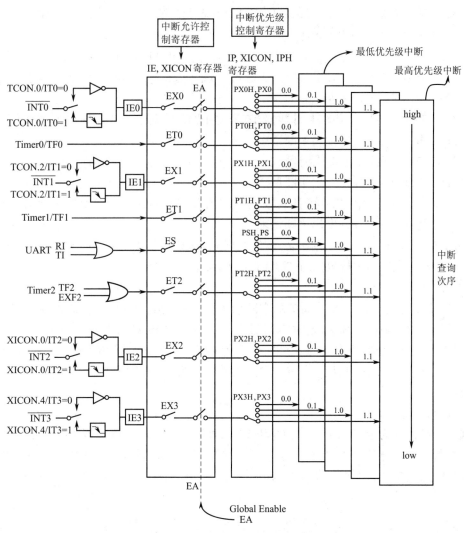

图 4.3　STC89C52 单片机中断系统结构

（1）中断源

STC89C52 单片机提供了 8 个硬件中断源。其中,4 个外部中断源分别是 $\overline{INT0}$、$\overline{INT1}$、$\overline{INT2}$、$\overline{INT3}$；3 个定时器/计数器 Timer0（T0）、Timer1（T1）和 Timer2（T2）的溢出中断为 TF0、TF1 和 TF2；1 个串行接口（UART）发送（TI）或接收（RI）中断信号。

1）$\overline{INT0}$（P3.2）:外部中断 0 请求信号输入引脚,可由 IT0（TCON.0）选择其为低电平有效还是下降沿有效。当单片机的 P3.2 端口出现有效的中断信号时,中断标志 IE0（TCON.0）置 1,向 CPU 发出中断请求。

2）$\overline{INT1}$（P3.3）:外部中断 1 请求信号输入引脚,可由 IT1（TCON.2）选择其为低电平有效还是下降沿有效。当单片机的 P3.3 端口出现有效的中断信号时,中断标志 IE1（TCON.2）置 1,向 CPU 发出中断请求。

3）$\overline{INT2}$（P4.3）:外部中断 2 请求信号输入引脚,可由 IT2（XICON.0）选择其为低电平有效还是下降沿有效。当单片机的 P4.3 端口出现有效的中断信号时,中断标志 IE2（XI-CON.0）置 1,向 CPU 发出中断请求。

4）$\overline{INT3}$（P4.2）:外部中断 3 请求信号输入引脚,可由 IT3（XICON.4）选择其为低电平有效还是下降沿有效。当单片机的 P4.2 端口出现有效的中断信号时,中断标志 IE3（XI-CON.4）置 1,向 CPU 发出中断请求。

5）TF0（Timer0）:片内定时器/计数器 T0 溢出中断请求标志。当定时器/计数器 T0 发生溢出时,TF0 置 1,并向 CPU 发出中断请求。

6）TF1（Timer1）:片内定时器/计数器 T1 溢出中断请求标志。当定时器/计数器 T1 发生溢出时,TF1 置 1,并向 CPU 发出中断请求。

7）TF2（Timer2）:片内定时器/计数器 T2 溢出中断请求标志。当定时器/计数器 T2 发生溢出时,TF2 置 1,并向 CPU 发出中断请求。

8）RI 或 TI:串行接口中断请求标志位。当串行接口接收完一帧串行数据时 RI 置 1,或当串行接口发送完一帧串行数据时 TI 置 1,向 CPU 发出中断请求。

（2）中断请求标志寄存器

STC89C52 单片机的 8 个中断源的中断请求标志分别由中断请求标志寄存器（TCON、T2CON 和 SCON）锁存。其中,定时器/计数器 Timer0 和 Timer1 控制寄存器 TCON,定时器/计数器 2 Timer2 控制寄存器 T2CON 和串行接口控制寄存器 SCON 的相应位锁存。TCON、T2CON 和 SCON 均属于特殊功能寄存器,字节地址分别为 88H、98H 和 C8H,可以进行位寻址。

Ⅰ.TCON 寄存器

TCON 寄存器为定时器/计数器 T0 和 T1 的控制寄存器。该寄存器中既包括 T0 和 T1 的溢出中断请求标志位 TF0 和 TF1,也包括两个外部中断请求的标志位 IE0 与 IE1,此外还包括两个外部中断源的中断触发方式选择位。特殊功能寄存器 TCON 的格式见表 4.1。

表 4.1　特殊功能寄存器 TCON 的格式

名称	地址	bit	B7	B6	B5	B4	B3	B2	B1	B0
TCON	88H	name	TF1	TR1	TF0	TR0	IE1	IT1	IE0	IT0

TCON 寄存器中与中断系统有关的各标志位的功能如下。

1）IT0（TCON.0）：外部中断 $\overline{INT0}$ 触发方式控制位，由软件置 1 或清零。

当 $IT0 = 0$ 时，$\overline{INT0}$ 为电平触发方式，低电平有效。当 CPU 在 $\overline{INT0}$ 引脚上采样到低电平时，将 IE0 置 1，向 CPU 发出中断请求；采样到高电平时，将 IE0 清零。在电平触发方式下，CPU 响应中断后，不能自动对 IE0 清零，因为 IE0 的状态完全由 $\overline{INT0}$ 引脚的电平状态决定。所以，在中断返回前必须撤除 $\overline{INT0}$ 引脚上的低电平。

当 $IT0 = 1$ 时，$\overline{INT0}$ 为边沿触发方式，下降沿有效。CPU 在 $\overline{INT0}$ 引脚上采样，若第 1 个机器周期采样为高电平，第 2 个机器周期采样为低电平，将 IE0 置 1，向 CPU 发出中断请求。在边沿触发方式下，CPU 响应中断时，能由硬件自动清除 TE0 标志。为保证 CPU 能检测到负跳变，$\overline{INT0}$ 的高、低电平的持续时间至少应保持 1 个机器周期。

2）IE0（TCON.1）：外部中断 $\overline{INT0}$ 中断请求标志位。当 $IE0 = 1$ 时，表示 $\overline{INT0}$ 向 CPU 请求中断。

3）IT1（TCON.2）：外部中断 $\overline{INT1}$ 触发方式控制位，其操作功能与 IT0 相似。

4）IE1（TCON.3）：外部中断 $\overline{INT1}$ 中断请求标志位。当 $IE1 = 1$ 时，表示 $\overline{INT1}$ 向 CPU 请求中断。

5）TF0（TCON.5）：片内定时器/计数器 T0 的溢出中断请求标志位。当启动定时器/计数器 T0 后，从初值开始加 1 计数，当最高位产生溢出时，由硬件使 TF1 置 1，向 CPU 申请中断。CPU 响应 TF1 中断时，TF1 标志由硬件自动清零，TF1 也可以由软件清零。

6）TF1（TCON.7）：片内定时器/计数器 T1 的溢出中断请求标志位。TF1 的功能与 TF0 类似。

7）TR0（TCON.4）和 TR1（TCON.6）位与中断系统无关，仅与定时器/计数器 T0 和 T1 有关。

Ⅱ. T2CON 寄存器

T2CON 为定时器/计数器 T2 的控制寄存器，同时也锁存 T2 溢出中断源和外部请求中断源等，T2CON 寄存器的格式见表 4.2。

表 4.2　特殊功能寄存器 T2CON 的格式

名称	地址	bit	B7	B6	B5	B4	B3	B2	B1	B0
T2CON	C8H	name	TF2	EXF2	RCLK	TCLK	EXEN2	TR2	C/$\overline{T2}$	CP/$\overline{RL2}$

T2CON 寄存器中与中断系统有关的各个标志位的功能如下。

1）TF2（T2CON.7）：片内定时器/计数器 T2 的溢出中断请求标志位，其操作功能与

TF0、TF1 类似。

2）其他 7 个标志位与中断系统无关,仅与定时器/计数器 T2 有关,将在下一任务中进行介绍。

Ⅲ. SCON 寄存器

SCON 为串行接口控制寄存器,字节地址为 98H,可位寻址。与中断系统有关的只有其低两位 RI 和 TI。特殊功能寄存器 SCON 的格式见表 4.3 所示

表 4.3　特殊功能寄存器 SCON 的格式

名称	地址	bit	B7	B6	B5	B4	B3	B2	B1	B0
SCON	98H	name	SM0/FE	SM1	SM2	REN	TB8	RB8	TI	RI

SCON 寄存器中与中断系统有关的各标志位的功能如下。

1）RI（SCON.0）:串行接口接收中断请求标志位。在允许串行接口接收数据时,串行接口接收完一个串行数据帧,硬件自动使 RI 置 1。CPU 在响应串行接口接收中断时,不能对 RI 自动清零,必须在中断服务程序中用指令对 RI 清零。

2）TI（SCON.1）:串行接口的发送中断请求标志位。CPU 将一个字节的数据写入串行接口的发送缓冲器 SBUF 时,启动一帧串行数据的发送,每发送完一帧串行数据后,硬件使 TI 自动置 1。同样,CPU 响应串行接口发送中断时,并不清除 TI 中断请求标志,TI 标志必须在中断服务程序中用指令进行清零。

（3）中断控制

中断允许控制和中断优先级控制分别由特殊功能寄存器区中的中断允许控制寄存器 IE 和辅助中断控制寄存器 XICON、中断优先级控制寄存器 IP/XIOCN 和 IPH 来实现。

Ⅰ. 中断允许控制寄存器 IE

中断允许控制寄存器 IE（地址为 A8H）和 XICON（地址为 C0H）用于设定所有中断以及某个中断源的开放和屏蔽。可以进行位寻址。单片机复位时,IE 和 XIOCN 全部被清零,禁止所有中断。IE 的格式见表 4.4。

表 4.4　中断允许控制寄存器 IE 的格式

名称	地址	bit	B7	B6	B5	B4	B3	B2	B1	B0
IE	A8H	name	EA	—	ET2	ES	ET1	EX1	ET0	EX0

中断允许控制寄存器 IE 的各功能位的含义如下。

1）EX0（IE.0）:外部中断 $\overline{INT0}$ 中断允许位。$EX0 = 0$,则禁止 $\overline{INT0}$ 中断, $EX0 = 1$,则允许 $\overline{INT0}$ 中断。

2）ET0（IE.1）:定时器/计数器 T0 中断允许位。$ET0 = 0$,则禁止 T0 溢出中断; $ET0 = 1$,则允许 T0 溢出中断。

3）EX1（IE.2）:外部中断 $\overline{INT1}$ 中断允许位。$EX1 = 0$,则禁止 $\overline{INT1}$ 中断; $EX1 = 1$,则允

许 $\overline{\text{INT1}}$ 中断。

4）ET1（IE.3）:定时器/计数器 T1 中断允许位。ET1 = 0,则禁止 T1 溢出中断; ET1 = 1,则允许 T1 溢出中断。

5）ES（IE.4）:串行接口中断允许位。ES = 0,则禁止串行接口中断; ES = 1,则允许串行接口中断。

6）ET2（IE.5）:定时器/计数器 T2 中断允许位。ET2 = 0,则禁止 T2 溢出中断; ET2 = 1,则允许 T2 溢出中断。

7）EA（IE.7）: CPU 中断允许位（总允许位）。EA = 0,则关闭所有中断; EA = 1,则打开所有中断,此时 CPU 才可以响应各中断源的中断请求。

Ⅱ. 辅助中断控制寄存器 XICON

辅助中断控制寄存器 XICON 的格式见表 4.5。

表 4.5 辅助中断控制寄存器 XICON 的格式

名称	地址	bit	B7	B6	B5	B4	B3	B2	B1	B0
XICON	C0H	name	PX3	EX3	IE3	IT3	PX2	EX2	IE2	IT2

1）IT2（XICON.0）:外部中断 $\overline{\text{INT2}}$ 触发方式控制位,其操作功能与 IT0 类似。

2）IE2（XICON.1）:外部中断 $\overline{\text{INT2}}$ 中断请求标志位。当 $IE2=1$ 时,表示 INT2 向 CPU 请求中断。

3）EX2（XICON.2）:外部中断 $\overline{\text{INT2}}$ 中断允许位, $EX2=0$,禁止外部中断 INT2 中断; $EX2=1$,允许外部中断 $\overline{\text{INT2}}$ 中断。

4）PX2（XICON.3）:外部中断 $\overline{\text{INT2}}$ 优先级控制位低位。优先级最终由[PX2H, PX2]共同决定。

5）IT3（XICON.4）:外部中断 $\overline{\text{INT3}}$ 触发方式控制位,其操作功能与 IT0 类似。

6）IE3（XICON.5）:外部中断 $\overline{\text{INT3}}$ 中断请求标志位。当 $IE3 = 1$ 时,表示 $\overline{\text{INT3}}$ 向 CPU 请求中断。

7）EX3（XICON.6）:外部中断 $\overline{\text{INT3}}$ 中断允许位。当 $EX3 = 0$,表示禁止 $\overline{\text{INT3}}$ 中断; $EX3 = 1$,表示允许 $\overline{\text{INT3}}$ 中断。

8）PX3（XICON.7）:外部中断 $\overline{\text{INT3}}$ 优先级控制位低位。优先级最终由[PX3H, PX3]共同决定。

由上可见,STC89C52 单片机的中断响应为两级控制,EA 为总的中断响应控制位,各对应的中断源还有相应的中断响应控制位。若允许某一个中断源中断,除了 IE 和 XICON 相应的位被置 1 外,还必须使 EA 位置 1。

（4）中断优先级控制

STC89C52 单片机有两个中断优先级,可以实现二级中断服务嵌套。所谓二级中断嵌套,就是 STC89C52 单片机正在执行低优先级中断的服务程序时,可被高优先级中断请求所中断,待高优先级中断事件处理完毕后,再返回低优先级中断服务程序。二级中断嵌套的过程如图 4.4 所示。

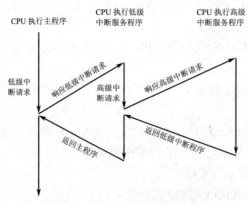

图 4.4　二级中断嵌套的过程

同一优先级中的中断数量申请不止一个时,则会产生中断优先权排队问题,同一优先级的中断优先权排队由中断系统硬件确定的自然优先级形成,其排列规则见表 4.6。

表 4.6　中断排列规则

中断源	中断向量地址	相同优先级内的查询次序	中断优先级设(IPH, IP)	优先级 0(最低)	优先级 1	优先级 2	优先级 3(最高)	中断请求标志位	中断允许控制位
$\overline{INT0}$(外部中断 0)	0003H	0 (highest)	PX0H, PX0	0, 0	0, 1	1, 0	1, 1	IE0	EX0/EA
Timer0	000BH	1	PT0H, PT0	0, 0	0, 1	1, 0	1, 1	TF0	ET0/EA
$\overline{INT1}$(外部中断 1)	0013H	2	PX1H, PX1	0, 0	0, 1	1, 0	1, 1	IE1	EX1/EA
Timer1	001BH	3	PT1H, PT1	0, 0	0, 1	1, 0	1, 1	TF1	ET1/EA
UART	0023H	4	PSH, PS	0, 0	0, 1	1, 0	1, 1	RI+TI	
Timer2	002BH	5	PT2H, PT2	0, 0	0, 1	1, 0	1, 1	TF2+EXF2	(ET2)/EA
$\overline{INT2}$(外部中断 2)	0033H	6	PX2H, PX2	0, 0	0, 1	1, 0	1, 1	IE2	EX2/EA
$\overline{INT3}$(外部中断 3)	003BH	7 (lowest)	PX3H, PX3	0, 0	0, 1	1, 0	1, 1	IE3	EX3/EA

STC89C52 单片机的中断优先级遵循以下 3 条基本原则:

1)CPU 同时接收到多个中断请求时,首先响应优先级别最高的中断请求;

2)正在进行的中断事件不能被新的同级或低优先级的中断请求所中断;

3)正在进行的低优先级中断事件可以被高优先级的中断请求中断。

为了实现上述后两条原则,STC89C52 单片机的中断系统有两个用户不可寻址的优先级状态触发器,其中一个触发器置 1,表示某高优先级的中断事件正在执行,所有后续的中断均被阻止;另一个触发器置 1,表示某低优先级的中断事件正在执行,所有同级的中断都被阻止,但不阻断高优先级的中断请求。

STC89C52 单片机的各中断源的中断优先级都是由中断优先级控制寄存器 IP、IPH/XICON 中的相应位的状态来规定的。中断优先级控制寄存器 IP 的字节地址为 B8H,可以进行位寻址,其格式见表 4.7。

表 4.7　中断优先级控制寄存器 IP

数据位	D7	D6	D5	D4	D3	D2	D1	D0
IP	—	—	PT2	PS	PT1	PX1	PT0	PX0
位地址	—	—	BDH	BCH	BBH	BAH	B9H	B8H

中断优先级控制寄存器 IP 各功能位的含义如下。

1)PX0(IP.0):外部中断 $\overline{INT0}$ 中断优先级控制位低位。

2)PT0(IP.1):定时器/计数器 T0 中断优先级控制位低位。

3)PX1(IP.2):外部中断 $\overline{INT1}$ 中断优先级控制位低位。

4)PT1(IP.3):定时器/计数器 T1 中断优先级控制位低位。

5)PS(IP.4):串行接口中断优先级控制位低位。

6)PT2(IP.5):定时器/计数器 T2 中断优先级控制位低位。

中断优先级控制寄存器 IPH 的字节地址为 B7H,不能进行位寻址,其格式见表 4.8。

表 4.8　中断优先级控制寄存器 IPH

数据位	D7	D6	D5	D4	D3	D2	D1	D0
IPH	PX3H	PX2H	PT2H	PSH	PT1H	PX1H	PT0H	PX0H

1)PX0H(IPH.0):外部中断中断优先级控制位高位。

2)PT0H(IPH.1):定时器/计数器 T0 中断优先级控制位高位。

3)PX1H(IPH.2):外部中断 $\overline{INT1}$ 中断优先级控制位高位。

4)PT1H(IPH.3):定时器/计数器 T1 中断优先级控制位高位。

5)PSH(IPH.4):串行接口中断优先级控制位高位。

6)PT2H(IPH.5):定时器/计数器 T2 中断优先级控制位高位。

7)PX2H(IPH.6):外部中断 $\overline{INT2}$ 中断优先级控制位高位。

8)PX3H(IPH.7):外部中断 $\overline{INT3}$ 中断优先级控制位高位。

4.1.3　单片机的中断处理过程

(1)中断响应的条件

以 STC89C52 单片机为例,其一个中断源的中断请求被响应,必须满足以下必要条件:

1)总中断允许开关接通,即 IE 寄存器中的中断总允许位(EA)为 1;

2)该中断源发出中断请求,即该中断源对应的中断请求标志为 1;

3）该中断源的中断允许位为 1，即该中断被允许；

4）无同级或更高级中断正在被服务。

中断响应是 CPU 对中断源提出的中断请求的反应。当 CPU 查询到有效中断请求时，若满足上述条件，就立刻进行中断响应。

并不是查询到的所有中断请求都能被立即响应，当遇到下列 3 种情况之一时，硬件将受阻，CPU 不会响应该中断。

1）CPU 正在处理同级或更高优先级的中断事件。因为当一个中断请求被响应时，要把对应的中断优先级状态触发器置 1（该触发器指出 CPU 所处理事件的中断优先级别），从而封锁了低级别的中断请求和同级的中断请求。

2）所查询的机器周期不是当前正在执行指令的最后一个机器周期。设定该限制的目的是只有在当前指令执行完毕后，才能进行中断响应，以确保当前指令执行的完整性。

3）正在执行的指令是 RETI 或是访问 IE 或 IP 的指令。因为按照 STC89C52 中断系统的规定，在执行完这些指令后，需要再执行完一条指令，才能响应新的中断请求。

若由于上述条件的阻碍，中断请求未能得到响应，当条件消失时该中断标志不再有效，那么该中断将不被响应。也就是说，中断标志曾经有效，但未获得响应，查询过程在下一个机器周期重新进行。

（2）中断响应过程

CPU 响应中断请求的过程分为如下 4 个步骤：①根据中断源的优先级高低，对相应的优先级状态触发器置 1（以阻断后来的同级或低级的中断请求）；②清除内部硬件可清除的中断请求标志位（IE0、IE1、TF0、TF1）；③执行一条硬件长调用指令（LCALL addr16），把程序计数器 PC 的内容压入堆栈保存，再将被响应的中断服务程序入口地址送入 PC，这里的 addr16 就是程序存储区中相应的中断服务程序入口地址，参见表 4.1；④执行中断服务程序。

中断响应过程的前 3 步是由中断系统内部自动完成的，而中断服务程序则要由用户自行编写。编写中断服务程序时，应注意以下两点。

1）由于 STC89C52 单片机相邻的两个中断入口间只相隔 8 字节，一般情况下难以存放一个完整的中断服务程序。因此，通常在中断入口地址处放置一条无条件转移指令，使程序执行转向在其他地址存放的中断服务程序入口。

2）硬件长调用指令（LCALL）只是将 PC 寄存器内的断点地址压入堆栈保护，而对其他寄存器的内容并不做保护处理。所以，在中断服务程序中，首先用软件保护现场，在中断服务之后、中断返回前恢复现场，以防止中断返回后丢失源寄存器的内容。

（3）中断响应时间

所谓中断响应时间是指从 CPU 检测到中断请求信号到转入中断服务程序入口所需要的机器周期。

STC89C52 单片机的中断响应时间最短为 3 个机器周期。其中，中断请求标志位查询占用 1 个机器周期，而这个机器周期恰好处于指令的最后一个机器周期。在该机器周期结束后，中断请求即被响应，CPU 接着执行一条硬件子程序长调用指令（LCALL）以转到相应的中期服务程序入口，这需要 2 个机器周期。

STC89C52 单片机的中断响应时间最长为 8 个机器周期。这种情况发生在 CPU 进行中断标志查询时,刚好才开始执行 RETI 或访问 IE 或 IP 的指令,则需把当前指令执行完,再继续执行一条指令后,才能响应中断请求。执行上述的 RETI 或访问 IE、IP 的指令,最长需要 2 个机器周期,而接着再执行一条指令,按最长的指令(乘法指令 MUL 和除法指令 DIV)来算,也只有 4 个机器周期,再加上硬件子程序调用指令(LCALL)的执行需要 2 个机器周期。所以,外部中断响应的最长时间为 8 个机器周期。

如果已经在处理同级或更高级中断,对外部中断请求的响应时间取决于正在执行的中断服务程序的处理时间,在这种情况下,中断响应时间就无法计算了。

一般情况下,在一个单一中断的系统里,STC89C52 单片机对外部中断请求的响应时间总是在 3~8 个机器周期之间。

（4）中断请求的撤销

某个中断请求被响应后,就存在着一个中断请求的撤销问题。下面按中断源的类型分别说明中断请求的撤销。

Ⅰ.定时器/计数器中断请求的撤销

定时器/计数器中断请求被响应时,硬件会自动把中断请求标志位(TF0 或 TF1)清零,因此定时器/计数器中断请求是自动撤销的。

Ⅱ.外部中断请求的撤销

1）边沿触发方式外部中断请求的撤销。

边沿触发方式外部中断请求被响应时,硬件会自动把中断请求标志位(IE0 或 IE1)清零,同时,由于边沿信号随后消失,所以边沿触发方式外部中断请求也是自动撤销的。

2）电平触发方式外部中断请求的撤销。

电平触发方式外部中断请求被响应时,对于电平方式外部中断请求的撤销,硬件会自动把中断请求标志位(IE0 或 IE1)清零,但中断请求信号的低电平可能继续存在,在以后的机器周期采样时,又会把已清零的 IE0 或 IE1 标志位重新置 1。因此,要彻底完成电平触发方式外部中断请求的撤销,除了标志位清零之外,必要时还需在中断响应后把中断请求信号输入引脚从低电平强制改变为高电平。为此,可通过在系统中增加外围电路来实现。

Ⅲ.串行接口中断请求的撤销。

串行接口中断请求被响应时,串行接口中断的标志位是 TI 和 RI,不会自动清零,因为在响应串行接口的中断请求后, CPU 还需测试这两个中断标志位的状态,以判定是接收操作还是发送操作,然后才能清除。所以,串行接口中断请求的撤销只能使用软件的方法,在中断服务程序中进行,即使用软件在中断服务程序中把串行接口中断标志位 TI、RI 清零。

4.1.4　单片机中断系统的实现

（1）中断服务函数

为方便用户直接使用 C51 编写中断服务程序, C51 中定义了中断函数,由于 C51 编译器在编译时对声明为中断服务程序的函数自动添加了相应的现场保护、阻断其他中断、返回时自动恢复现场等功能的程序段,因此在编写中断函数时,可不必考虑这些问题,减小了用户编写中断服务程序的烦琐程度。

关于中断服务函数,本教材在第 2 章中已经做了简要介绍。定义中断服务函数的语法格式如下：

函数类型 函数名【参数】interrupt n【using n】

其中：关键字 "interrupt" 后面的 "n" 是中断号；对于 STC89C52 单片机，$n = 0 \sim 4$，编译器从 $8n+3$ 处产生中断向量。

STC89C52 单片机在内部 RAM 中可使用 4 个工作寄存器区，每个工作寄存器区包含 8 个工作寄存器（R0~R7）。C51 扩展了一个关键字 "using"，using 后面的 "n" 专门用来选择 STC89C52 的 4 个不同的工作寄存器区。using 是一个可选项，如果不选用该项，中断函数中的所有工作寄存器的内容将被保存到堆栈中。

关键字 "using" 对函数目标代码的影响如下：在中断函数的入口处将当前工作寄存器区的内容保护到堆栈中，函数返回前将被保护的寄存器区的内容从堆栈中恢复。使用关键字 "using" 在函数中确定一个工作寄存器区时，必须十分小心，要保证任何工作寄存器区的切换都只在指定的控制区域中发生，否则将产生不正确的函数结果。

中断调用与标准 C 语言的函数调用不同，当中断事件发生后，对应的中断函数被自动调用，中断函数既没有参数，也没有返回值。中断函数会带来如下影响：①编译器会为中断函数自动生成中断向量；②退出中断函数时，所有保存在堆栈中的工作寄存器及特殊功能寄存器会被恢复；③在必要时，特殊功能寄存器 Acc、B、DPH、DPL 及 PSW 中的内容被保存到堆栈中。

编写 STC89C52 单片机的中断程序时，应遵循以下规则。

1）中断函数没有返回值，如果定义了一个返回值，将会得到不正确的结果。因此，建议将中断函数定义为 void 类型，以明确说明其没有返回值。

2）中断函数不能进行参数传递，如果中断函数中包含任何参数声明，都将导致编译出错。

3）在任何情况下，都不能直接调用中断函数，否则会产生编译错误。因为中断函数的返回是由汇编语言指令 RETI 完成的。RETI 指令会影响 STC89C52 单片机中硬件中断系统内的不可寻址的中断优先级控制寄存器的状态。如果在没有实际中断请求的情况下直接调用中断函数，也就不会执行 RETI 指令，其操作结果可能产生一个致命的错误。

4）如果在中断函数中再调用其他函数，则被调用的函数所使用的寄存器区必须与中断函数使用的寄存器区不同。

4.1.5　单片机的外部中断

（1）外部中断

外部中断是单片机实时地处理外部事件的一种内部机制。当某一外部事件发生时，单片机的中断系统将迫使 CPU 暂停正在执行的程序，转而去进行中断事件的处理；中断事件处理完毕后，CPU 又返回被中断的程序位置，继续执行下去。

（2）外部中断相关寄存器

STC89C52 单片机有 4 个外部中断源，外部中断 0、外部中断 1、外部中断 2、外部中断 3。分别由单片机的 P3.2（$\overline{\text{INT0}}$）、P3.3（$\overline{\text{INT1}}$）、P4.3（$\overline{\text{INT2}}$）、P4.2（$\overline{\text{INT3}}$）端口通过低电平/负跳变触发。

（3）外部中断的初始化

设置中断允许控制寄存器 IE 的步骤如下：

1）开启总中断；

2）开启外部中断 0 和外部中断 1；

3）设置控制寄存器 TCON；

4）设置外部中断 0 和外部中断 1 的触发方式。0 表示低电平触发，1 表示负跳变触发（电平从高跳至低时有效，即 1→0 的信号，而一直维持低电平则不会触发中断）。

> **思政要点**：讲解中断，引出单片机内进行的所有操作处理都是在 CPU 控制下通过内部总线完成的，由于内部总线只有一组，因此各部件需要相互协作和配合按照一定的时序工作。在教学过程中，引导学生深刻理解团队合作的重要性。

4.1.6　按键的结构与特点

（1）机械按键

机械按键，又称为机械触点式按键开关，其主要功能是把机械上的通断转换成为电气上的逻辑关系。也就是说，机械按键能提供标准的 TTL 逻辑电平，以便与通用数字系统的逻辑电平相容。

机械式按键在被按下或释放时，由于受机械弹性作用的影响，通常伴随有一定时间的触点机械抖动，然后触点的接触状态才能稳定下来。这种机械抖动过程如图 4.5 所示，抖动时间与机械按键的机械特性有关，一般为 5~10 ms。

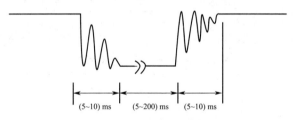

| (5~10) ms | (5~200) ms | (5~10) ms |

图 4.5　机械按键的触点抖动

如果在触点抖动期间检测机械按键的通/断状态，可能导致判断出错，即按键一次按下或释放被错误地认为是多次操作，这种情况是不允许的。为了克服按键触点机械抖动所致的检测误判，必须采取去抖动（消抖）措施。这一点可从硬件、软件两方面予以考虑。在按键数较少时，可采用硬件消抖，而当按键数较多时，一般采用软件消抖。

（2）机械按键的消抖

软件消抖：假设按键未按下时输入 0，按下后输入为 1，抖动时不定。两次检测，在第一次检测到按键按下的特征（"0"）后延迟 10 ms 之后再进行一次引脚的电平的检测，如果还是"0"，那么就认为该按键被按下。

硬件消抖：一般在按键数较少时可用硬件方法消除键抖动，典型做法是采用 RS 触发器或 RC 积分电路。

思政要点：向学生讲解机械按键的抖动现象以及进行消抖的必要性,从而使学生了解作为一名单片机工程师,除具备专业技能之外,更重要的是需要具备一定的职业素养,包括:态度、勤奋、严谨、主动、沟通、学习、敬业精神等。

4.1.7　电路设计及程序代码

（1）电路设计

按键计数器的电路仿真如图 4.6 所示

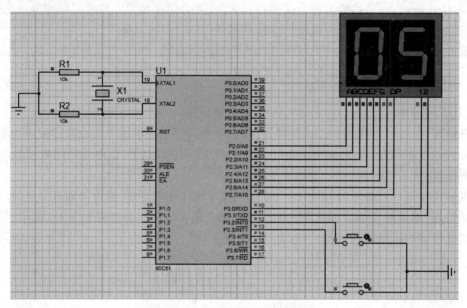

图 4.6　按键计数器电路的仿真图

（2）程序代码

1）添加头文件的程序代码如下。

```
#include <reg52.h>
```

2）定义引脚和定义参数的程序代码如下。

```
s bit led0= P3^0;
s bit led1= P3^1;
unsigned char code TABLE1[]={0xC0,0xF9,0xA4,0xB0,0x99,0x92,0x82,0xF8, 0x80,
0x90};
//code 的作用是告诉单片机,所定义的数据要放在 ROM(程序存储区)里,写入后就不能
再更改
unsigned int time;
```

3）延时函数的程序代码如下。

```
void delay1 s(int m)
{
    int i ,j;
    for(i = 0;i<110; ++i){
    for(j = 0;j<m;++j){
        ;
    }
  }
}
```

4）数码管显示代码的程序代码如下。

```
void smg()
{
    int s;                  //十位
    int g;                  //个位
    s=time/10;
    led0=1;
    P2=TABLE1[s];
    delay1 s(10);
    led0=0;
    g=time%10;
    led1=1;
    P2=TABLE1[g];
    delay1 s(10);
    led1=0;
}
```

5）外部中断初始化代码和主函数的程序代码如下。

```
void main(void)
{
            //中断允许控制寄存器 IE
  EA=1;                  //开启总中断
  EX0=1;                 //开启 0 号外部中断
            //控制寄存器 TCON
IT0 = 1;                 // 设置外部中断触发方式.0 为低电平触发,1 为负跳变触发. 意思
是电平从高跳至低时有效,即 1→0 的信号,而一直维持低电平则不会触发中断
  EX1=1;                 //开启外部中断 1
  IT1=1;
```

```
    time=0;
    while(1){
        smg();
    }
}
```

6）外部中断 0、外部中断 1 的代码的程序代码如下。

```
//外部中断 0 代码
void T0_int0(void) interrupt 0
{
    time++;
    if(time>10)
    {
        time=0;
    }
}
//外部中断 1 代码
void T1_int1(void) interrupt 2
{
    time--;
    if(time==0)
    {
        time=10;
    }
}
```

4.1.8　作品展示

完成的按键计数器电路实物如图 4.7 所示。

图 4.7　按键计数器电路实物图

4.2　任务 2——多按键密码锁

学习目标

- 掌握定时/技术器的结构和工作原理。
- 掌握定时/计数器的控制方式。
- 掌握定时/计数器的工作方式。

器件准备

序号	名称/型号	个数	Proteus 简称
1	STC89C52RC	1	AT89C52
2	按键	5	BUTTON
3	共阳极数码管	1	7SEG-MPX4-CA
4	LED	2	LED
5	30 pF	2	CAP
6	12 MHz	1	CRYSTAL

知识准备

4.2.1　定时/计数器概念

（1）定时器/计数器的结构

STC89C52 单片机定时器/计数器的结构框图如图 5.1 所示。STC89C52 单片机的定时器/计数器由定时器/计数器 T0、T1 和 T2、定时器方式寄存器 TMOD 和 T2MOD、定时器控制寄存器 TCON 和 T2CON 组成。

定时器/计数器 T0、T1 和 T2 是 16 位加法计数器,分别由 2 个 8 位专用寄存器组成,其中 TH0、TL0 是定时器/计数器 T0 加法计数器的高 8 位和低 8 位, TH1、TL1 是定时器/计数器 T1 加法计数器的高 8 位和低 8 位, TH2、TL2 是定时器/计数器 T2 加法计数器的高 8 位和低 8 位。TL0、TL1、TH0、TH1 的字节地址依次为 8AH 至 8DH, TL1、TH1 的字节地址分别是 CCH 和 CDH。每个寄存器均可单独访问。

TMOD 和 T2MOD 是定时器/计数器的工作方式寄存器,用于确定定时器/计数器的工作方式和功能。TCON 和 T2CON 是定时器/计数器的控制寄存器,用于控制定时器/计数器 T0、T1、T2 的启动和停止,以及设置溢出标志。

（2）定时器/计数器工作原理

定时器/计数器 T0、T1 都具有定时器和计数器两种工作模式。

当定时器/计数器被设置为以定时器模式时,加法器对单片机的系统时钟信号经片内 1 分频后的内部脉冲信号(机器周期)计数,每隔一个机器周期定时器/计数器的值加 1,直到计满溢出。通过计数机器周期的数量来实现定时,由于时钟频率是定值,所以可根据对内部脉冲信号的计数值计算出定时时间,适当选择定时器的初值可获取各种定时时间。

当定时器/计数器被设置为以计数模式时,加法器对来自输入引脚 T0(P3.4)和 T1(P3.5)的外部脉冲计数,每输入一个脉冲,加法计数器的值加 1,直至计满溢出。外部脉冲的下降沿触发计数。最高检测频率为振荡频率的 1/24。计数器对外部输入信号的占空比没有特别的限制,但必须保证输入信号的高电平与低电平的持续时间在一个机器周期以上。

定时器/计数器 T0 和 T1 不论是工作在定时器模式还是计数器模式,实质都是对脉冲信号进行计数,只不过计数信号的来源不同。加法计数器的起始计数是从初值开始的。单片机复位时,计数器初值为 0,初值也可以由程序设定,设置的初值不同,计数值或定时时间就不同。

设置初值的计算公式为

计数初值 = 溢出值-计数值

当设置了定时器的工作方式并启动定时器后,定时器就按被设定的工作方式独立工作,不再占用 CPU 的操作时间,只有在加法计数器计满溢出时,才可能中断 CPU 当前的操作。在定时器/计数器的工作过程中,加法计数器中的内容可用程序读回 CPU。

4.2.2　定时/计数器的控制

在启动定时器/计数器工作之前, CPU 必须将一些命令(称为控制字)写入定时器/计数器,这个过程称为定时器/计数器的初始化。定时器/计数器的初始化通过定时器/计数器的方式寄存器 TMOD、T2MOD 和控制寄存器 TCON、T2CON 完成。

（1）工作方式寄存器 TMOD

STC89C52 单片机的定时器/计数器（T0 和 T1）的工作方式寄存器 TMOD 用于选择工作模式和工作方式,字节地址为 89H,不能进行位寻址,其格式如图 4.8 所示。

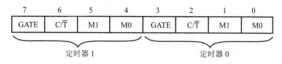

图 4.8　TMOD 的格式

定时器/计数器 T0 有 4 种工作方式, T1 只有 3 种工作方式,可通过程序对 TMOD 设置来选择。TMOD 的低 4 位用于控制定时器/计数器 T0,高 4 位用于定时器/计数器 T1（图 4.8）。TMOD 寄存器各位的功能如下.

1）GATE:门控位。GATE 用于控制定时器/计数器的启动是否受外部中断请求信号的影响。

如果 $GATE = 0$,定时器/计数器的启动与外部引脚 $\overline{INT0}$ 、$\overline{INT1}$ 无关。只要用软件使 TCON 寄存器中 TR0 或 TR1 为 1,就可以启动定时器/计数器工作。

如果 $GATE = 1$,定时器/计数器的启动受外部引脚 $\overline{INT0}$（控制 T0）和 $\overline{INT1}$（控制 T1）控制,要用软件使 TCON 寄存器中 TR0 或 TR1 为 1,同时外部引脚 $\overline{INT0}$ 或 $\overline{INT1}$ 也为高电平时,才能启动定时器/计数器。

一般情况下 $GATE = 0$。

2）C/$\overline{T}$:定时器模式和计数器模式选择位。

$C/\overline{T} = 0$ 时,定时器/计数器处于定时器工作模式,对单片机的系统时钟信号 12 分频后的脉冲进行计数。

$C/\overline{T} = 1$ 时,定时器/计数器处于计数器工作模式,计数器对外部输入引脚 T0（P3.4）或 T1（P3.5）的外部脉冲（负跳变）计数。

3）M1、M0:工作方式选择位。

定时器/计数器有 4 种工作方式,由 M1、M0 进行设置,见表 4.9。

表 4.9　定时器/计数器（T0 和 T1）工作方式设置表

M0	M1	工作方式	功能描述
0	0	方式 0	13 位定时器/计数器
0	1	方式 1	16 位定时器/计数器
1	0	方式 2	8 位自动重装定时器/计数器
1	1	方式 3	T0 分为 2 个独立的 8 位定时器/计数器;T1 无此方式

（2）控制寄存器 TCON

TCON 寄存器的字节地址为 88H，可进行位寻址，位地址为 88H~8FH。TCON 的低 4 位用于控制外部中断，TCON 的高 4 位用于控制定时器/计数器的启动和中断请求，其格式见表 4.10。

表 4.10　TCON 寄存器的格式

名称	地址	bit	B7	B6	B5	B4	B3	B2	B1	B0
TCON	88H	name	TF1	TR1	TF0	TR0	IE1	IT1	IE0	IT0

TCON 寄存器中高 4 位的功能如下。

1）TF1（TCON.7）：定时器/计数器 T1 溢出中断请求标志位。定时器/计数器 T1 溢出时，由内部硬件自动将 TF1 置 1。使用查询方式时，此位作为状态位供 CPU 查询，但应注意查询有效后，应使用软件及时将该位清零。使用中断方式时，此位作为中断请求标志位，CPU 响应中断请求后由硬件自动清零。

2）TR1（TCON.6）：定时器/计数器 T1 运行控制位。TR1 置 1 时，启动定时器计算器工作的必要条件（是否启动，由 TMOD 寄存器的 GATE 位和外部引脚 $\overline{INT1}$ 共同决定），TR1 置 0 时，定时器/计数器 T1 停止工作。TR1 由软件置 1 或清零。

3）TF0（TCON.5）：定时器/计数器 TD 溢出中断请求标志位，其功能与 TF1 类似。

4）TR0（TCON.4）：定时器/计数器 TO 运行控制位，其功能与 TR1 类似。

（3）工作方式寄存器 T2MOD

STC89C52 单片机的定时器/计数器 T2 的工作方式寄存器 T2MOD 用于选择工作模式和工作方式，字节地址为 C9H，不能进行位寻址，其格式见表 4.11。

表 4.11　工作方式寄存器 T2MOD 的格式

名称	地址	bit	B7	B6	B5	B4	B3	B2	B1	B0
T2MOD	0C9H	name	—	—	—	—	—	—	T2OE	DCEN

定时器/计数器 T2 有 2 种工作方式，可通过程序对 T2MOD 设置来选择。TMOD 寄存器各位的功能如下：

1）T2OE：定时器 T2 输出使能位；

2）DECN：向下计数使能位，定时器 T2 可配置成向上/向下计数器。

（4）定时器/计数器 T2 控制寄存器 T2CON

T2CON 寄存器的字节地址为 C8H，可进行位寻址，其格式见表 4.12。

表 4.12　T2CON 寄存器的格式

7	6	5	4	3	2	1	0
TF2	EXF2	RCLK	TCLK	EXEN2	TR2	C/$\overline{T2}$	CP/$\overline{RL2}$

T2CON 寄存器各位的功能如下。

1）CP/$\overline{RL2}$（T2CON.1）：捕获/重装标志。$CP/\overline{RL2}$=1 且 $EXEN2$=1 时，T2EX 的负跳变产生捕获；$CP/\overline{RL2}$ = 0 且 $EXEN2$ = 0 时，定时器 T2 溢出或 T2EX 的负跳变都可使定时器自动重装。当 $RCLK$=1 或 $TCLK$ = 1 时，该位无效且定时器强制为溢出时自动重装。

2）C/$\overline{T2}$（T2CON.2）：定时器/计数器 T2 工作方式选择位。$C/\overline{T2}$ = 0 时，选择内部定时器（SYSclk/12 或 SYSclk/6）；$C/\overline{T2}$ = 1 时，选择外部事件计数器（下降沿触发）。

3）TR2（T2CON.3）：定时器 T2 启动/停止控制位。置 1 时，启动定时器 T2；置 0 时，停止定时器 T2。

4）EXEN2（T2CON.4）：定时器 T2 外部使能标志位。当其置为 1 且定时器 T2 未作为串行接口时钟时，允许 T2EX 的负跳变产生捕获或重装。$EXEN2$ = 0 时，T2EX 的跳变对定时器 T2 无效。

5）TCLK（T2CON.5）：发送时钟标志。TCLK 置位时，定时器 T2 的溢出脉冲作为串行接口模式 1 和模式 3 的发送时钟。$TCLK$ = 0 时，将定时器 1 的溢出脉冲作为串行接口模式 1 和模式 3 发送时钟。

6）RCLK（T2CON.6）：接收时钟标志。RCLK 置位时，定时器 T2 的溢出脉冲作为串行接口模式 1 和模式 3 的接收时钟。RCLK= 0 时，将定时器 1 的溢出脉冲作为串行接口模式 1 和模式 3 的接收时钟。

7）EXF2（T2CON.7）：定时器 T2 外部标志。当 $EXEN2$=1 且 T2EX 的负跳变产生捕获或重装时，EXF2 置位。定时器 T2 中断使能时，$EXF2$ = 1 将使 CPU 从中断向量处执行定时器 T2 中断子程序。EXF2 位必须用软件清零。在递增/递减计数器模式（$DCEN$ = 1）中，EXF2 不会引起中断。

8）TF2（T2CON.8）：定时器/计数器 T2 溢出标志位。定时器/计数器 T2 溢出时，必须使用软件及时将该位清零。当 RCLK 或 TCLK 为 1 时，TF2 将不会置位。

定时器 T2 有 3 种操作模式：捕获、自动重新装载（递增或递减计数）和波特率发生器。这 3 种模式由 T2CON 中的位进行选择，见表 4.13。

表 4.13　定时器 T2 的操作模式

RCLK+TCLK	CP/$\overline{RL2}$	TR2	模式
0	0	1	16 位自动重装
0	1	1	16 位捕获
1	X	1	波特率发生器
X	X	0	（关闭）

4.2.3　定时/计数器工作方式

STC89C52 单片机的定时器/计数器 T0 具有 4 种工作方式(方式 0,方式 1,方式 2,方式 3),T1 具有 3 种工作方式(方式 0、方式 1、方式 2)。在前 3 种工作方式中,T0 和 T1 除了所使用的寄存器、有关标志位、控制位不同外,其他操作完全相同。

定时器 T2 有 3 种工作方式:捕获、自动重新装载(递增或递减计数)和波特率发生器,这 3 种模式由 T2CON 中的位进行选择。

(1)方式 0

当 TMOD 的 M1 和 M0 位设置为 00 时,定时器/计数器工作在方式 0 下,这时定时器/计数器的逻辑结构框图如图 4.9 所示。

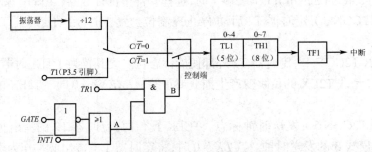

图 4.9　定时器/计数器的方式 0 的逻辑结构框图

定时器/计数器在方式 0 下工作时,为 13 位计数器,由 TLx(x = 0,1)的低 5 位(高 3 位未用)和 THx 的高 8 位构成。TLx 低 5 位溢出则向 THx 进位,THx 计数溢出则把 TCON 中的溢出标志位 TFx 置 1,向 CPU 发出中断请求。

图 4.9 中,C/$\overline{T}$ 位控制的电子开关决定了定时器/计数器的两种工作模式。

C/$\overline{T}$ = 1,电子开关打在下面位置,T1(或 T0)为计数器工作模式,计数脉冲为 P3.4(或 P3.5)引脚上的外部输入脉冲,当引脚上发生负跳变时,计数器加 1。计数值由下式确定:

$$N = 2^{13} - X = 8\ 192 - X \tag{4-1}$$

式中:N 为计数值;X 是 THx、TLx 的初值。

由式(4-1)可知,X=8 191 时,N 为最小计数值;X = 0 时,N 为最大计数值 8 192;即计数范围为 1~8 192。

C/$\overline{T}$ = 0,电子开关打在上面位置, T1(或 T0)为定时器工作模式,加法计数器对机器周期脉冲 T_{cy} 计数,每个机器周期 TLx 加 1。定时时间由下式确定:

$$T = N \times T_{cy} = (2^{13} - X)T_{cy} = (8\ 192 - X)T_{cy} \tag{4-2}$$

式中:T_{cy} 为单片机的机器周期,如果振荡频率 f_{osc}=12 MHz,则 T_{cy} = 1 μs,定时范围为 1~8 192 μs。

定时器/计数器的启动或停止由 TRx 控制,门控位 GATE 具有特殊的作用。

当 GATE = 0 时,只要用软件将 TRx 置 1,控制端开关闭合,定时器/计数器就开始工作;将 TRx 清零,控制端开关打开,定时器/计数器停止工作。

当 *GATE* = 1 时为门控方式。此时,仅当 *TRx* = 1 且外部中断引脚 $\overline{\text{INT}x}$ 上出现高电平(即无外部中断请求信号),控制端开关才闭合,定时器/计数器开始工作。如果外部中断引脚 $\overline{\text{INT}x}$ 上出现低电平(即有外部中断请求信号),则停止工作。所以,在门控方式下,定时器/计数器的启动受外部中断请求的影响,可用来测量外部中断引脚 $\overline{\text{INT}x}$ 上出现正脉冲的宽度。

方式 0 采用 13 位计数器是为了与早期的产品兼容,计数初值的高 8 位和低 5 位的确定比较麻烦,所以实际应用中常采用 16 位计数器的方式 1。

(2)方式 1

当 TMOD 的 M1 和 M0 位设置为 01 时,定时器/计数器工作在方式 1 下,构成 16 位定时器/计数器。此时 THx、TLx 都是 8 位加法计数器。其他与方式 0 相同。方式 1 的逻辑结构框图如图 4.10 所示。

在方式 1 时,计数器的计数值由下式确定:

$$N = 2^{16} - X = 65\ 536 - X \tag{4-3}$$

计数范围为 1~65 536。定时器的定时时间由下式确定:

$$T = N \times T_{\text{cy}} = (2^{16} - X)T_{\text{cy}} = (65\ 536 - X)T_{\text{cy}} \tag{4-4}$$

如果振荡频率 f_{osc}=12 MHz,则 T_{cy} = 1 μs,定时范围为 1~65 536 μs。

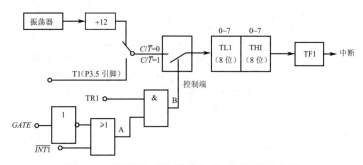

图 4.10　定时器/计数器的方式 1 逻辑结构框图

(3)方式 2

当 TMOD 的 M1 和 M0 位设置为 10 时,定时器/计数器工作在方式 2 下,其逻辑结构框图如图 4.11 所示。

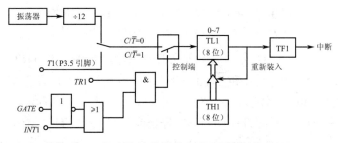

图 4.11　定时器/计数器的方式 2 逻辑结构框图

方式 2 为自动重装初值的 8 位计数方式。THx($x=0,1$)为 8 位初值寄存器。当 TLx 计数溢出时,由硬件将溢出标志 TFx 置 1,向 CPU 发出中断请求,同时,还自动将 THx 中的计数初值送至 TLx,使 TLx 从初值开始重新计数。一直循环,直至 $TR0=0$ 才会停止。计数器的计数值由下式确定:

$$N = 2^8 - X = 256 - X \tag{4-5}$$

计数范围为 1~256。

定时器的定时值由下式确定:

$$T = N \times T_{cy} = (2^8 - X)T_{cy} = (256 - X)T_{cy} \tag{4-6}$$

如果振荡频率 f_{osc}=12 MHz,则 $T_{cy}=1\ \mu s$,定时范围为 1~256 μs。

方式 2 可省去用户软件中重装初值的指令的执行时间,简化定时初值的计算方法,可相当精确地确定定时时间,特别适合于用作较精确的脉冲信号发生器。

（4）方式 3

方式 3 只适用于定时器/计数器 T0,定时器/计数器 T1 不能工作在方式 3。T1 处于方式 3 时相当于 $TR1=0$,停止计数。

当 TMOD 的低 2 位(控制 T0 的 MIMO 位)为 11 时,定时器/计数器 T0 工作在方式 3 下,其逻辑结构框图如图 4.12 所示。

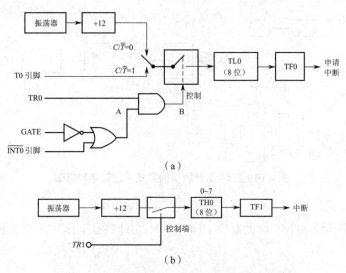

图 4.12　定时/计数器 T0 的方式 3 逻辑结构框图
(a)TL0 作为 8 位定时器/计数器　(b)TH0 作为 8 位定时器

当 T0 工作在方式 3 时,T0 分为两个独立的 8 位计数器 TL0 和 TH0,TL0 使用 T0 的所有控制位 C/$\overline{T}$、GATE、TR0、TF0 和 $\overline{INT0}$。当 TL0 计数溢出时,由硬件将 TF0 置 1,向 CPU 发出中断请求。而 TH0 被固定为一个 8 位定时器(不能作为外部计数模式),并使用 TI 的状态控制位 TR1 和 TF1。因此,TH0 的启动、停止受 TR1 控制,TH0 溢出时将对 TF1 置 1。

当 T0 工作在方式 3 时,因为 T1 的控制位 C/$\overline{T}$、M1M0 并未交出,原则上 T1 仍可以按方式 0、方式 1 和方式 2 工作,只是不能使用运行控制位 TR1 和溢出标志位 TF1,也不能发出中断请求信号。方式设定后, T1 将自动运行, 如果要停止工作, 只需将其定义为方式 3 即可(M1M0 为 11)。

在单片机的串行通信应用中, T1 常作为串行接口波特率发生器,且工作在方式 2。这时将 T0 设置为方式 3,可以使单片机的定时器/计数器资源得到充分的利用。

（5）捕获模式

在捕获模式中,通过 T2CON 中的 EXEN2 设置 2 个选项。如果 $EXEN2 = 0$,定时器 T2 作为一个 16 位定时器或计数器(由 T2CON 中 C/$\overline{T2}$ 位选择),溢出时置位 TF2(定时器 T2 溢出标志位)。该位可用于产生中断(通过使能 IE 寄存器中的定时器 T2 中断使能位 ET2)。如果 $EXEN2=1$,与以上描述相同,但增加了一个特性,即外部输入 T2EX 由 1 变零时,将定时器 T2 中 TL2 和 TH2 的当前值各自捕获到 RCAP2 L 和 RCAP2H。另外, T2EX 的负跳变使 T2CON 中的 EXF2 置位, EXF2 也像 TF2 一样能够产生中断(其向量与定时器 T2 溢出中断地址相同,定时器 T2 中断服务程序通过查询 TF2 和 EXF2 来确定引起中断的事件), T2 捕获模式如图 4.13 所示。在该模式中, TL2 和 TH2 无重新装载值,甚至当 T2EX 产生捕获事件时,计数器仍以 T2EX 的负跳变或振荡频率的 1/12(12 时钟模式)或 1/6(6 时钟模式)计数。

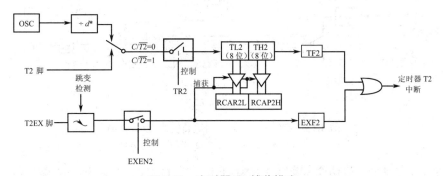

图 4.13　定时器 T2 捕获模式

注:在 6 时钟模式下,d=6;在 12 时钟模式下,d=12

（6）自动重装模式

16 位自动重装模式中,定时器 T2 可通过 C/$\overline{T2}$ 配置为定时器/计数器,编程控制递增/递减计数。计数的方向是由 DCEN(递减计数使能位)确定的。当 $DCEN$=0 时,定时器 T2 默认为向上计数;当 $DCEN$=1 时,定时器 T2 可通过 T2EX 确定递增或递减计数。

当 $DCEN$=0 时,定时器 T2 自动递增计数,如图 4.14 所示。在该模式中,通过设置 EXEN2 位进行选择,如果 $EXEN2$=0,定时器 T2 递增计数到 0FFFFH,并在溢出后将 TF2 置位,然后将 RCAP2 L 和 RCAP2H 中的 16 位值作为重新装载值装入定时器 T2。RCAP2L 和 RCAP2H 的值是通过软件预设的。如果 $EXEN2$=1, 16 位重新装载可通过溢出或 T2EX 从 1 到 0 的负跳变实现。此负跳变同时使 EXF2 置位。如果定时器 T2 中断被使能,则当 TF2 或 EXF2 置 1 时产生中断。

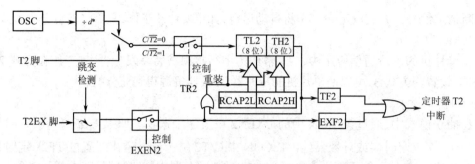

图 4.14　定时器 T2 的自动重装模式 (*DCEN*=0)

注:在 6 时钟模式下,*d*=6;在 12 时钟模式下,*d*=12

当 *DCEN*=1 时,定时器 T2 可增或递减计数,如图 4.15 所示。此模式允许 T2EX 控制计数的方向。当 T2EX 置 1 时,定时器 T2 递增计数,计数到 0FFFFH 后溢出并置位 TF2,还将产生中断(如果中断被使能)。定时器 T2 的溢出将使 RCAP2L 和 RCAP2H 中的 16 位值作为重新装载值放入 TL2 和 TH2。

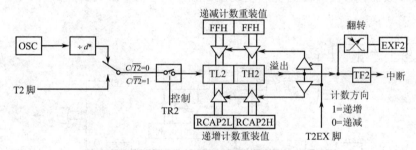

图 4.15　定时器 T2 的自动重装模式 (*DCEN*=1)

注:在 6 时钟模式下,*d*=6;在 12 时钟模式下,*d*=12

当 T2EX 置零时,将使定时器 T2 递减计数。当 TL2 和 TH2 计数到等于 RCAP2L 和 RCAP2H 时,定时器产生中断。

除了波特率发生器模式,T2CON 不包括 TR2 位的设置,TR2 位需单独设置来启动定时器。表 4.14、表 4.15 和表 4.16 分别列出了定时器/计数器的位地址,和 T2 作为定时器和计数器的具体设置方法。

表 4.14　定时器/计数器 T2 的 T2CON 和 T2MOD 寄存器的位地址

符号	描述	地址	位地址及其符号								复位值
			MSB							LSB	
T2CON	定时器 T2 控制寄存器	C8H	TF2	EXF2	RCLK	TCLK	EXEN2	TR2	C/$\overline{T2}$	CP/$\overline{RL2}$	00000000B
T2MOD	定时器 T2 模式寄存器	C9H	—	—	—	—	—	—	T2OE	DECN	xxxxxx00B

表 4.15　定时器/计数器 T2 作定时器 T2CON 的设置

模式	T2CON	
	内部控制	外部控制
16 位重装	0000 0000B/00H	0000 1000B/08H
16 位捕获	0000 0001B/01H	0000 1001B/09H
波特率发生器接收和发送相同波特率	0011 0100B/34H	0011 0110B/36H
只接收	0010 0100B/24H	0010 0110B/26H
只发送	0001 0100B/14H	0001 0110B/16H

表 4.16　定时器/计数器 T2 作计数器 T2MOD 的设置

模式	T2MOD	
	内部控制	外部控制
16 位	0000 0010B/02H	0000 1010B/0AH
自动重装	0000 0011B/03H	0000 1011B/0BH

1）内部控制：仅当定时器溢出时进行捕获和重装。

2）外部控制：当定时/计数器溢出并且 T2EX（P1.1）发生电平负跳变时，产生捕获和重装（定时器 T2 用于波特率发生器模式时除外）。

（7）串口波特率发生器模式

寄存器 T2CON 的位 TCLK 和（或）RCLK 允许从定时器 1 或定时器 T2 获得串行接口发送和接收的波特率。当 $TCLK=0$ 时，定时器 1 作为串行接口发送波特率发生器；当 $TCLK=1$ 时，定时器 T2 作为串行接口发送波特率发生器。RCLK 对串行接口接收波特率有同样的作用。通过这 2 位，串行接口能得到不同的接收和发送波特率，一个通过定时器 T1 产生，另一个通过定时器 T2 产生。与自动重装模式相似，当 TH2 溢出时，波特率发生器模式使定时器 T2 寄存器重新装载来自寄存器 RCAP2H 和 RCAP2 L 的 16 位的值，寄存器 RCAP2H 和 RCAP2 L 的值由软件预置。定时器 T2 的独立波特率发生器模式如图 4.16 所示。

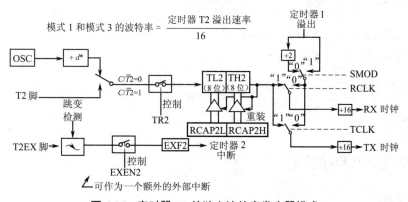

图 4.16　定时器 T2 的独立波特率发生器模式

注：在 6 时钟模式下，$d=1$；在 12 时钟模式下，$d=2$

当工作于模式 1 和模式 3 时,波特率由下面给出的公式决定:

模式 1 和模式 3 的波特率 =(定时器 T2 溢出速率)/16   (4-7)

定时器可配置成"定时"或"计数"方式,在许多应用上,定时器被设置在"定时"方式 ($C/\overline{T2}$ =0)。当定时器 T2 作为定时器时,它的操作不同于波特率发生器。通常定时器 T2 作为定时器,它会在每个机器周期递增(1/6 或 1/12 振荡频率)。当定时器 T2 作为波特率发生器时,它在 6 时钟模式下,以振荡器频率递增(12 时钟模式时为 1/12 振荡频率)。

这时的波特率公式如下:

$$模式1和模式3的波特率 = \frac{振荡器频率}{n \times [65536 - (RCAP2H, RCAP2L)]} \quad (4\text{-}8)$$

式中: n =16(6 时钟模式)或 32(12 时钟模式); $[RCAP2H, RCAP2L]$ 是 RCAP2H 和 RCAP2L 的内容,为 16 位无符号整数。

定时器 T2 是作为波特率发生器时,仅当寄存器 T2CON 中的 RCLK 和(或) $TCLK$ =1 时,定时器 T2 作为波特率发生器才有效。注意:TH2 溢出并不置位 TF2,也不产生中断。这样,当定时器 T2 作为波特率发生器时,定时器 T2 中断不必被禁止。如果 EXEN2(T2 外部使能标志)被置位,在 T2EX 中由 1 到 0 的转换会置位 EXF2(T2 外部标志位),但并不导致 (TH2,TL2)重新装载(RCAP2H,RCAP2L)。

当定时器 T2 用作波特率发生器时,如果需要, T2EX 可用做附加的外部中断。当计时器工作在波特率发生器模式下,则不要对 TH2 和 TL2 进行读/写,每隔一个状态时间(f_{osc} /2) 或由 T2 进入的异步信号,定时器 T2 将加 1。在此情况下对 TH2 和 TH1 进行读/写是不准确的;可对 RCAP2 寄存器进行读,但不要进行写,否则将导致自动重装错误。当对定时器 T2 或寄存器 RCAP 进行访问时,应关闭定时器(清零 TR2)。

波特率计算公式汇总如下:

定时器 T2 工作在波特率发生器模式,外部时钟信号由 T2 脚进入,这时的波特率公式如下:

模式 1 和模式 3 的波特率 =(定时器 T2 溢出速率)/16   (4-9)

如果定时器 T2 采用内部时钟信号,则波特率公式如下:

$$波特率 = \frac{SYSclk}{n \times [65536 - (RCAP2H, RCAP2L)]} \quad (4\text{-}10)$$

式中: n =32(12 时钟模式)或 16(6 时钟模式), $SYSclk$ 为振荡器频率。

自动重装值的计算公式如下:

$$RCAP2H, RCAP2L = 65536 - \frac{SYSclk}{n \times 波特率} \quad (4\text{-}11)$$

任务实施

4.2.4 电路设计及程序代码

(1)电路设计

多按键密码锁的电路仿真如图 4.17 所示

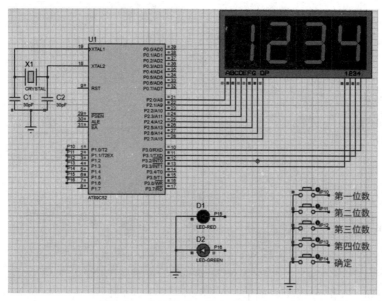

图 4.17　多按键密码锁电路的仿真图

（2）程序代码

1）添加头文件的程序代码如下。

```
#include <reg52.h>
```

2）定义引脚和定义参数的程序代码如下。

```
#define uint    unsigned int
#define uchar unsigned char
s bit key1 = P1 ^ 0;
s bit key2 = P1 ^ 1;
s bit key3 = P1 ^ 2;
s bit key4 = P1 ^ 3;
s bit key5 = P1 ^ 4;
s bit led_red = P1 ^ 5;
s bit led_green = P1 ^ 6;
uint i = 1, coun = 0, Password;              //相关变量
uint k1, k2, k3, k4;                //密码变量
uchar code table[] =
{0xc0, 0xf9, 0xa4, 0xb0, 0x99, 0x92, 0x82, 0xf8, 0x80, 0x90};              //共阳极数码
管 0~9
```

3）延时函数的程序代码如下。

```
void delay(uint m)              //@12.000 MHz; 1 ms 的延时函数
```

```
{
    unsigned char i, j, x;
    for(x = 1; x <= m; x++ )
    {
        i = 12;
        j = 169;
        do
        {
                while (--j);
        }
        while (--i);
    }
}
```

4）定时器初始化的程序代码如下。

```
void Timer0Init(void)                              //初始化定时器
{
    TMOD = 0x01;                    //定时器工作模式1,16位定时器计数模式
    TH0 = (65536 - 50000) / 256;              //定义高八位的值
    TL0 = (65536 - 50000) % 256;              //定义低八位的值
    EA = 1;                                    //打开总中断
    ET0 = 1;
    TR0 = 1;                        //启动定时器 0
}
```

5）获取按键数值的程序代码如下。

```
int password(void)
{
    if(key1 == 0)                //获取第一位的值
    {
        k1++;
        if(k1 > 9)
                k1 = 0;
    }
    if(key2 == 0)                //获取第二位的值
    {
        k2++;
        if(k2 > 9)
```

```
                    k2 = 0;
        }
        if(key3 == 0)                    //获取第三位的值
        {
            k3++;
            if(k3 > 9)
                    k3 = 0;
        }
        if(key4 == 0)                    //获取第四位的值
        {
            k4++;
            if(k4 > 9)
                    k4 = 0;
        }
        return k1 * 1000 + k2 * 100 + k3 * 10 + k4;        //返回数值
}
```

6）数码管显示对应数值的程序代码如下。

```
void smg()
{
    uint j;
    for(j = 0; j < 20; j++)            //延长显示时间
    {
        P3 = 0x08;
        P2 = table[k1];                //显示第一位
        delay (1);
        P3 = 0x04;
        P2 = table[k2];                //显示第二位
        delay (1);
        P3 = 0x02;
        P2 = table[k3];                //显示第三位
        delay (1);
        P3 = 0x01;
        P2 = table[k4];                //显示第四位
        delay (1);
    }
}
```

7）主函数的程序代码如下。

```
void main()
{
    led_green = 0;                     //初始化灯
    led_red = 0;
    while(1)
    {
        Password = pass_word();
        smg();
        if(key5 == 0)                  //判断确定按键是否按下
        {
                Timer0Init();              //初始化定时器
                if(Password == 1234)               //如果密码正确—>绿灯亮起( 5
s 后关闭 )
                {
                    led_green = 1;
                    led_red = 0;
                }
                else//如果密码错误—>红灯亮起( 5 s 后关闭 )
                {
                    led_green = 0;
                    led_red = 1;
                }
        }
    }
}
```

8)中断服务函数的程序代码如下。

```
void inter0() interrupt 1
{
    i++;                   //50 ms 后加 1
    if( i == 20 )                  //判断是否达到 1 s
    {
        i = 1;
        coun ++;
        if(coun == 3)                  //判断是否完成 3 s
        {
                k1 = k2 = k3 = k4 = 0;
                led_green = 0;
```

```
                    led_red = 0;
                    coun = 0;
                    TR0 = 0;                        //关闭定时器 0
            }
        }
        TH0 = (65536 - 50000) / 256;                //数值初始化
      TL0 = (65536 - 50000) % 256;
}
```

4.2.5　作品展示

完成的多按键密码锁电路实物如图 4.17 所示。

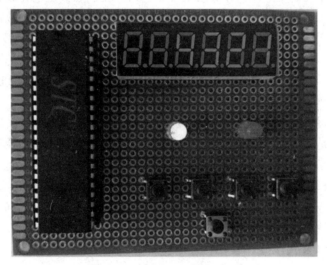

图 **4.17**　多按键密码锁实物图

4.3　任务 3——矩阵键盘

学习目标

- 掌握矩阵键盘的连线方式。
- 掌握矩阵键盘的工作原理。
- 掌握矩阵键盘的扫描方式。

器件准备

序号	名称/型号	个数	Proteus 简称
1	STC89C52RC	1	AT89C52

序号	名称/型号	个数	Proteus 简称
2	共阳极数码管	1	7SEG-MPX2-CA
3	按键	16	BUTTON
4	30 pF	2	CAP
6	12 MHz	1	CRYSTAL

知识准备

4.3.1　矩阵键盘概念

在 4.2 节的任务 2 中,我们学习了独立按键电路。在独立按键电路中,一个按键连接单片机的一位 I/O 接口。这样通过检测 I/O 接口的状态,就能方便地识别该按键是否被按下。这种电路的优点是电路简单、程序简单;缺点是每个按键都要占用一个 I/O 接口。52 单片机总共只有 4 个 8 位 I/O 接口,如果在任务中使用的按键数量较多时,就会占用大量的 I/O 接口资源,这很容易影响其他功能的实现,那么此时很有必要考虑用较少的 I/O 接口实现更多功能的方法。

矩阵键盘就是基于用较少 I/O 接口连接更多按键的思路实现的。通常将多个按键排列成矩阵形式,这也是矩阵键盘名称的由来。编程时,是按照矩阵的行、列组合判断那个按键被按下的,因此矩阵键盘又称为行列式键盘。

最常见的矩阵键盘是 4×4 键盘,其实现方法是将 16 个按键按照 4×4 矩阵的方式连接,如图 4.18 所示。从连接方式来看,4×4 键盘的行方向有 4 根线,列方向有 4 根线。每根行线和列线的交汇处就是一个按键位。这样总共有 8 根线就可以实现 16 个按键的检测,比一个按键连接一个 I/O 接口节省了一半的 I/O 接口资源。

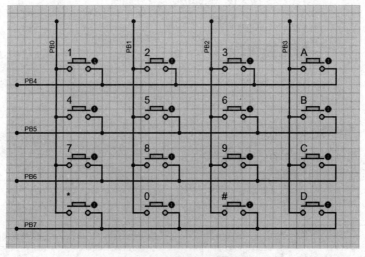

图 4.18　矩阵键盘原理图

思政要点：启发学生类比于 LED 点阵，举一反三地学习矩阵键盘的工作原理和扫描方式，从而培养学生自学习的能力。

4.3.2　矩阵键盘扫描

按照图 4.18 所示，假如用单片机 P1 接口的 8 个引脚分别连接 8 根线。矩阵键盘的扫描方法分为行扫描法和列扫描法。

（1）行扫描法

把 P1.0~P1.3 接口置为高电平，P1.4~P1.7 置为低电平，如果其中一行的某一个按键被按下，那么对应的 P1.0~P1.3 接口中就会有一个端口被拉低，通过判断即可确定被按下的按键属于哪一行。

（2）列扫描法

把 P1.0~P1.3 接口置为低电平，P1.4~P1.7 置为高电平，如果其中一列的某一个按键被按下，那么对应的 P1.4~P1.7 接口中就会有一个端口被拉低，通过判断即可确定被按下的按键属于哪一列。

4.3.3　矩阵键盘响应过程

在 52 系列单片机中，对于矩阵键盘的处理方法是使用行列扫描法。将键盘的行线和列线分别连接到单片机的 I/O 接口，然后按照如下步骤操作。

1）判断是否有按键按下。

将行线全部输出低电平，列线全部输出高电平；然后将列线置为输入状态，检测列线的状态，只要有一根列线为低电平，就表示矩阵键盘中有按键被按下了。

2）按键消除抖动。

在第 1 步中如果检测到有按键按下，则使用软件消抖的方法延时 20 ms 左右，再次判断是否有列线为低电平，如果仍有列线为低电平，则认为确实有按键被按下，则进入第 3 步处理；否则，认为是抖动，不予识别，继续回到第 1 步重新开始按键检测。

3）按键识别。

确认有按键被按下后，接下来就是最关键的内容：确定哪个按键被按下。这需要用逐行扫描的方法来确定。先扫描第一行，即将第一行对应的端口输出低电平，然后读每一列的电平，当出现某一列为低电平，说明该列与第一行的交叉点的按键被按下，如果所有列都是高电平，说明第一行的按键都未被按下，那么开始扫描第二行，以此类推，直到找到被按下的键所在的行与列的交叉点。

4）键值确定。

在第 3 步中，当确定有按键被按下，则按照事先确定好的按键序号，根据行与列的交叉位置确定键值。键值一般按照一定的规律排列，如 1,2,3,4……。例如，确定第 1 行第 1 列的交叉点按键为 1 号按键，第 1 行与第 2 列交叉点的按键为 2 号按键……，第 4 行与第 4 列的交叉点的按键为 16 号按键。

任务实施

4.3.4 电路设计及程序代码

（1）电路设计

使用导线将每一行的左边连接到一起,然后按从上到下的顺序分别连接到 P3.0，P3.1，P.2，P.3。然后分别连接到将每一列的右边连在一起,然后按从左往右的顺序分别连接到 P3.4,P3.5,P3.6,P3.7。数码管用来显示按下按键对应的序号。序号第一排从左到右为 0、1、2、3,第二排为 4、5、6、7,第三排为 8、9、A、B,第四排为 C、D、E、F。矩阵键盘电路的设计仿真如图 4.19 所示。

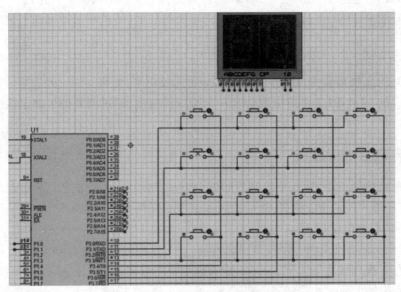

图 4.19 矩阵键盘电路的设计仿真图

（2）程序代码

1）添加头文件的程序代码如下。

```
#include <reg52.h>
#include <stdlib.h>              //随机数包
```

2）定义引脚和参数的程序代码如下。

```
s bit led0= P1^0;
s bit led1= P1^1;
char temp;
char number ;
unsigned char code TABLE1[]={              //code 的作用是告诉单片机,所定义的数
据要放在 ROM( 程序存储区),写入后就不能再更改
0xC0,0xF9,0xA4,0xB0,0x99,0x92,0x82,0xF8,0x80,0x90};              //0~9 共阳极数
```

码管编码表

3）延时函数的程序代码如下。

```
void delay1 s(int m)              //延时 1 s
{
int i ,j;
for(i = 0;i<110; ++i){
for(j = 0;j<m;++j){
;
}
}
}
```

4）数码管显示的程序代码如下。

```
void led()
{
int s = number / 10;
int g = number % 10;
led0=1;
P2=TABLE1[s];              //使用 P2 连接双位数码管的 abcdefgh
delay1 s(0);
led0=0;              //P1.1 个位
led1=1;
P2=TABLE1[g];
delay1 s(0);
led1=0;
}
```

5）矩阵键盘的程序代码如下。

```
void h1()              //第一排
{
P3=0xfe;
temp=P3;
if(temp!=0xfe)
delay1 s(5);
if(temp!=0xfe){
switch(temp)
{
```

```
case 0xee:    number = 1;break;
case 0xde:    number = 2;break;
case 0xbe:    number = 3;break;
case 0x7e:    number = 4;break;
}
}
}
void h2()                    //第二排
{
P3=0xfd;
temp=P3;
if(temp!=0xfd)
delay1 s(5);
if(temp!=0xfd){
switch(temp)
{
case 0xed:    number = 5; break;
case 0xdd:    number = 6; break;
case 0xbd:    number = 7; break;
case 0x7 d:   number = 8; break;
}
}
}
void h3()                    //第三排
{
P3=0xfb;
temp=P3;
if(temp!=0xfb)
delay1 s(5);
if(temp!=0xfb){
switch(temp)
{
case 0xeb:    number = 9; break;
case 0xdb:    number = 10; break;
case 0xbb:    number = 11; break;
case 0x7b:    number = 12; break;
}
}
```

```
}
void h4()                    //第四排
{
P3=0xf7;
temp=P3;
if(temp!=0xf7)
delay1 s(5);
if(temp!=0xf7){
switch(temp)
{
case 0xe7:      number = 13; break;
case 0xd7:      number = 14; break;
case 0xb7:      number = 15; break;
case 0x77:      number = 16; break;
}
}
}
```

6）主函数的程序代码如下。

```
void main()
{
while(1)
{
h1();
h2();
h3();
h4();
led();
}
}
```

4.3.5　作品展示

完成的矩阵键盘电路实物如图 4.17 所示。

图 4.20   矩阵键盘实物图

4.4   项目实践——矩阵键盘密码锁

4.4.1   电路设计及程序代码

（1）电路设计

矩阵键盘密码锁使用 1 个四位 LED 数码管和 AT89C52 单片机。矩阵键盘密码锁电路的仿真模拟图如图 4.21 所示。

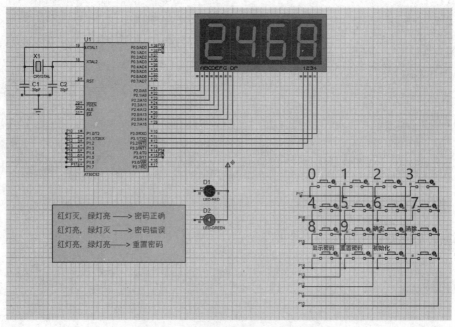

图 4.21   矩阵键盘电路的仿真模拟图

（2）程序代码

1）添加头文件的程序代码如下。

```
#include <reg52.h>
```

2）定义引脚和参数的程序代码如下。

```
#define uint    unsigned int
#define uchar unsigned char
s bit led_red = P0 ^ 0;
s bit led_green = P0 ^ 1;
uint i = 1, coun = 0;                    //相关变量
uchar KeyNum;
uint Password = 0, Password_new = 2468;
uchar code table[] ={0xc0, 0xf9, 0xa4, 0xb0, 0x99, 0x92, 0x82, 0xf8, 0x80, 0x90};
        //共阳极数码管 0~9
```

3）延时函数的程序代码如下。

```
void delay(uint m)                      //@12.000 MHz；1 ms 的延时函数
{
    unsigned char i, j, x;
    for(x = 1; x <= m; x++ )
    {
        i = 12;
        j = 169;
        do
        {
                while (--j);
        }
        while (--i);
    }
}
```

4）定时器初始化的程序代码如下。

```
void Timer0Init(void)               //初始化定时器
{
    TMOD = 0x01;                    //定时器工作模式 1,16 位定时器计数 模式
    TH0 = (65536 - 50000) / 256;              //定义高 8 位的值
    TL0 = (65536 - 50000) % 256;              //定义低 8 位的值
    EA = 1;                  //打开总中断
```

```
  ET0 = 1;
  TR0 = 1;                    //启动定时器 0
}
```

5）按键获取数值的程序代码如下。

```
int pass_word(void)
{
    unsigned char KeyNumber = 0;
    P1 = 0xFF;
    P1_3 = 0;
    if(P1_7 == 0) { KeyNumber = 1;}
    if(P1_6 == 0) { KeyNumber = 5;}
    if(P1_5 == 0) { KeyNumber = 9;}
    if(P1_4 == 0) { KeyNumber = 13;}
    P1 = 0xFF;
    P1_2 = 0;
    if(P1_7 == 0) { KeyNumber = 2;}
    if(P1_6 == 0) { KeyNumber = 6;}
    if(P1_5 == 0) { KeyNumber = 10;}
    if(P1_4 == 0) { KeyNumber = 14;}
    P1 = 0xFF;
    P1_1 = 0;
    if(P1_7 == 0) { KeyNumber = 3;}
    if(P1_6 == 0) { KeyNumber = 7;}
    if(P1_5 == 0) { KeyNumber = 11;}
    if(P1_4 == 0) { KeyNumber = 15;}
    P1 = 0xFF;
    P1_0 = 0;
    if(P1_7 == 0) { KeyNumber = 4;}
    if(P1_6 == 0) { KeyNumber = 8; }
    if(P1_5 == 0) { KeyNumber = 12; }
    if(P1_4 == 0) { KeyNumber = 16;}
    return KeyNumber;
}
```

6）数码管显示的程序代码如下。

```
void smg(uint i)                    //数码管显示对应数值
{
```

```
    uint j, ge, shi, bai, qian;
    qian = i % 10000 / 1000;
    bai = i % 1000 / 100;
    shi = i % 100 / 10;
    ge = i % 10;
    for(j = 0; j < 50; j++)                //延长显示时间
    {
        P3 = 0x08;
        P2 = table[qian];                  //显示第一位
      delay(1);
        P3 = 0x04;
        P2 = table[bai];                   //显示第二位
      delay(1);
        P3 = 0x02;
        P2 = table[shi];                   //显示第三位
      delay(1);
      P3 = 0x01;
        P2 = table[ge];                    //显示第四位
      delay(1);
    }
}
```

7）主函数的程序代码如下。

```
void main()
{
    uint jishu, reset = 0;
    led_green = 1;                //初始化灯
    led_red = 1;
    smg(Password);
    while(1)
    {
        KeyNum = pass_word();
        if(KeyNum)
        {
                if(KeyNum <= 10)               //S1~S10 按键按下，输入密码
                {
                        if(jishu < 4)          //如果输入次数小于 4
                        {
```

```
                                    Password = Password * 10;
                                    Password = Password + KeyNum - 1;
                                    jishu++;                          //计次加一
                        }
                    smg(Password);                            //更新显示
                }
            if(KeyNum == 11) {                             //如果 S11 按键被按下,确认
                Timer0Init();                      //初始化定时器
                if(reset != 1)
                                    if(Password == Password_new) {                        //如
果密码等于正确密码
                                        led_green = 0;                  //绿灯亮
                                        led_red = 1;                    //红灯灭
                                        jishu = 0;                      //计次清零
                                    }
                                    else {                //否则
                                        led_green = 1;                  //绿灯灭
                                        led_red = 0;                    //红灯亮
                                        jishu = 0;                      //计次清零
                                        smg(Password);                  //更新显示
                                    }
                else{
                                    Password_new = Password;
                                    led_green = 0;                    //绿灯灭
                    led_red = 0;                      //红灯灭
                                    smg(Password_new);                  //更新显示
                                    jishu = 0;                    //计次清零
                                    reset = 0;
                }
            }
            if(KeyNum == 12) {                             //如果 S12 按键被按下,清除
                Password = 0;                      //密码清零
                jishu = 0;
                smg(Password);                        //更新显示
            }
            if(KeyNum == 13) {                             //如果 S13 按键被按下,显示密码
                Password = 0;                      //密码清零
                jishu = 0;
```

```
                    smg(Password_new);                        //显示密码
                }
                if(KeyNum == 14) {                    //如果 S14 按键被按下,重置密码

                    Password = 0;                    //密码清零
                    jishu = 0;
                        reset = 1;
                        led_green = 0;                    //绿灯亮
                        led_red = 0;                      //红灯亮
                }
                if(KeyNum == 15) {                    //如果 S15 按键被按下,初始化
                    reset = 0;
                    led_green = 1;                    //绿灯灭
                    led_red = 1;                      //红灯灭
                    Password = 0;
                        jishu = 0;
                        Password_new = 2468;
                }
                if(KeyNum == 16) {                    //如果 S16 按键被按下,无作用
                    reset = reset;
                        led_green = led_green;                //绿灯灭
                    led_red = led_red;                    //红灯灭
                    Password = Password;
                        jishu = jishu;
                        Password_new = Password_new;
                }
            }
        smg(Password);                    //更新显示
    }
}
```

8)中断服务函数的程序代码如下。

```
void inter0() interrupt 1
{
    i++;                        //50 ms 后加 1
    if( i == 20 )                        //判断是否达到 1 s
    {
        i = 1;
```

```
        coun ++;
        if(coun == 3)                    //判断是否完成 3 s
        {
                Password = 0;            //密码清零
                led_green = 1;
                led_red = 1;
                coun = 0;
                TR0 = 0;                  //关闭定时器 0
        }
    }

    TH0 = (65536 - 50000) / 256;          //数值初始化
    TL0 = (65536 - 50000) % 256;
}
```

4.4.2　作品展示

完成的矩阵键盘密码锁电路实物如图 4.22 所示。

图 4.22　矩阵键盘密码锁电路实物

4.5　本章小结

按键是单片机应用系统中最常见输入设备,包括独立按键和矩阵键盘。按键数目不多的场合一般使用独立按键,按键数目较多的场合使用矩阵键盘以节约 I/O 接口资源。

中断的作用是消除单片机在查询方式中的等待现象,极大地提高单片机的工作效率和实时性。

中断的处理过程包括中断请求、中断响应、中断服务、中断返回等。

STC89C52 单片机的中断系统有 8 个中断源，4 个中断优先级，可以实现二级中断服务嵌套。

STC89C52 单片机的定时器/计数器由定时器/计数器 T0、T1 和 T2、定时器方式寄存器 TMOD 和 T2MOD、定时器控制寄存器 TCON 和 T2CON 组成。

第5章　智能小车

　　本章通过红外循迹小车、超声波避障小车和蓝牙小车 3 个任务最终完成智能小车实验。通过红外循迹小车任务使学生掌握红外传感器的工作原理、L298N 电机驱动原理以及脉冲宽度调制(PWM)原理;通过超声波避障小车任务,使学生掌握 HC-SR04 模块的工作原理,了解 HC-SR04 模块的触发方式,并能运用 HC-SR04 模块进行测距;通过蓝牙小车项目,使学生掌握蓝牙模块的配置,熟悉蓝牙与单片机串口通信设计,掌握波特率的计算。通过本章的智能小车实验,培养学生不断探索以及动手实践的能力。

　　智能小车的成品效果如图 5.1 所示。

图 5.1　智能小车的成品效果图

5.1　任务1——红外循迹小车

学习目标

- 掌握红外传感器的工作原理。
- 掌握 L298N 电机驱动的原理。
- 熟悉脉冲宽度调制(PWM)的原理。

器件准备

序号	名称/型号	个数	Proteus 简称
1	STC89C52	1	AT89C52
2	红外传感器	1	—
3	小车套件	1	—
4	L298N	1	—
5	电池盒	1	—
6	1.5 V 电池	4	—

知识准备

5.1.1　红外传感器

红外传感器是一种以红外线为介质进行数据处理的传感器。红外线,又称红外光,具有反射、折射、散射、干涉、吸收等性质。任何温度高于绝对零度的物体都在不停地向外辐射红外线,而红外传感器能够感受到物体辐射的红外能量并将其转换成电信号。利用红外传感器进行测量时,传感器与被测物体不直接接触,可避免摩擦等因素的影响,此外红外传感器具有灵敏度高、反应快等优点,其有效探测距离为 2~30 cm,工作电压为 3.3~5 V。

红外线传感器由光学系统、检测元件和转换电路 3 部分组成,如图 5.2 所示。红外传感器对环境光线适应能力强,具有一对红外线发射管与接收管。发射管能够发射出一定频率的红外线,当红外线遇到障碍物或者反射面时,会被反射回来而被接收管接收,接收到的红外能量经过比较电路处理之后,开关指示灯会亮起,同时引脚输出低电平信号。可通过旋转传感器上的电位器调节传感器的探测距离。红外传感器广泛应用于机器人避障、智能小车避障、流水线计数及黑白线循迹等场合。

图 5.2　红外传感器

图 5.2 所示的红外传感器的模块接口说明:

1)VCC:外接 3.3~5 V 直流电压。

2)GND:外接地线。

3)OUT:数字信号输出接口(输出低电平 0 或高电平 1)。

　　红外循迹小车的"循迹"是指小车在白色地板上循黑线行走,其原理是利用红外线在不同颜色的物体表面具有不同反射性质的特点。小车在行驶过程中不断地向地面发射红外光,当红外光遇到白色地板时发生漫反射,反射光被接收管接收;如果红外光遇到黑线则被吸收,接收管接收不到反射红外光。单片机根据是否接收到反射回来的红外光,确定黑线的位置和小车的行走路线。小车进行简单循迹时,一般安装两个红外传感器(红外对管模块),且两个发射管要在黑线中间,因此要求两个传感器的安装和黑线的宽度要合适。

> **思政要点**:通过介绍我国各类传感器技术的发展,激发学生的主人翁意识和爱国热情,把学生培养成具有社会责任感强且专业能力过硬的高级专业人才。

5.1.2　L298N 电机驱动芯片

　　L298N 是意法半导体集团旗下的一种电机驱动芯片,具有抗干扰能力强、工作电压高、输出电流大、发热量低、驱动能力强等特点,一般用于驱动继电器、螺线管、电磁阀、直流电机及步进电机。

　　L298N 是双路全桥式电机驱动芯片,采用 Multiwatt 15 脚封装,接受标准 TTL 逻辑电平信号,具有两个使能控制端,可以通过插拔板载跳线帽的方式,动态调整电路的运作方式。L298N 的工作电压为 46 V,输出电流最高为 4 A。图 5.3 所示为 L298N 电机驱动模块,其有一个逻辑电源输入端,通过内置稳压芯片 78M05(对外输出逻辑电压 5 V)保证 L298N 内部的逻辑电路在低电压下工作。为了避免 78M05 稳压芯片损坏,使用该模块时,当驱动电压高于 12 V 时,务必使用外置的 5 V 接口进行独立供电。

　　通过 52 系列单片机上的 I/O 接口控制 L298N 电机驱动模块时,可以直接通过电源来调节输出电压,即可实现电机的正转、反转和停止。

图 5.3　L298N 电机驱动模块

L298N 电机驱动模块的使用方法如下:

1)输出 A 和输出 B:输出 A 和输出 B 连接电机。若正负极接反则会使电机反转。如果驱动 4 轮小车,可以左边 2 只轮子串联在一起,当作一个轮子;右边同理。

2)板载 5 V 使能:连接板载 5 V 使能接线,一般出厂默认跳线帽是接上的。

3)12 V 供电:由 12 V 供电电源的正极和负极(GND)组成。连接时切忌接错,否则容易造成 L298N 芯片烧毁。

4)5 V 供电:5 V 供电端,能够输出 5 V 的电压,可以用来给单片机供电。用 5 V 供电端给单片机供电时,单片机的 GND 应接回到驱动模块的 GND 上;换言之,如果采用 L298N 的 5 V 给单片机供电,在图 5.3 中就要接 2 条线,一条是电源正极,另一条是单片机 GND。

5)通道 A 使能和通道 B 使能:设置跳线端,可以将跳线帽拔掉,接到单片机代码配置的 PWM 通道上,用来输出 PWM 信号。

6)逻辑输入:4 个逻辑输入接线排针。从通道 A 使能开始,依次为 IN1,IN2,IN3,IN4;其中,IN1 和 IN2 对应输出 A,IN3 和 IN4 对应输出 B。将 IN1、IN2、IN3、IN4 接到单片机的 I/O 接口上,如果 IN1 设置为高电平,IN2 设置为低电平,输出 A 连接的电机正转;反之若 IN1 设置为低电平,IN2 设置为高电平,则电机反转。同理可知,IN3 为高电平,IN4 为低电平,输出 B 连接的电机正转;反之,IN3 为低电平,IN4 为高电平则电机反转。可通过单片机代码设置 I/O 接口的高低来实现控制逻辑输入为高低电平。

5.1.3　脉冲宽度调制(PWM)

(1)PWM 的相关概念

脉冲宽度调制(Pulse Width Modulation, PWM),简称脉宽调制,是利用微处理器的数字信号对模拟电路进行控制的一种有效技术,通常应用在测量、通信、功率控制与变换等众多领域中。

PWM 的频率是指 1 s 内信号从高电平到低电平再回到高电平的次数,即 1 s 内 PWM 信号有多少个周期,其频率的单位是 Hz,通常用 f 表示。

PWM 的周期是频率的导数,通常用 T 表示,即:

$$T=1/f \tag{5-1}$$

在一个脉冲周期内,高电平持续的时间(脉宽时间)与整个脉冲周期时间的比,称作占空比(%),如图 5.4 所示。

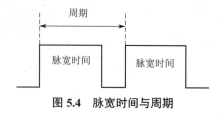

图 5.4　脉宽时间与周期

(2)PWM 的原理

PWM 通过对脉宽时间的控制来调节对外输出,脉宽时间变长,输出的电压信号的平均值就增大,通过阻容变换电路所得到的平均电压值也会上升;脉宽时间变短,输出的电压信号的平均值就降低,通过阻容变换电路所得到的平均电压值也会下降。在一定的频率下,通过不同的占空比便可得到不同的输出模拟电压。

树莓派、STM32 等单片机有专门的模块用来控制 PWM,但是 52 系列单片机没有,所以需要使用内部的定时器实现。当利用单片机 I/O 接口输出 PWM 信号时,可利用单片机的定时器来计时,当高电平延时到一定时间后,对 I/O 接口电平取反变成低电平,再延时;当低电平延时到一定时间后,再对该 I/O 接口电平取反;如此循环,就可得到 PWM 信号。

任务实施

5.1.4 程序代码

(1)引脚定义及初始化

引脚定义及初始化的程序代码如下。

```
s bit IN2 = P1^0;
s bit IN1 = P1^1;
s bit IN3 = P1^2;
s bit IN4 = P1^3;
s bit Light = P1^4;
s bit right = P1^5;
s bit OUTZ = P1^6;
s bit OUTY = P1^7;
```

(2)小车前进函数

小车前进函数的程序代码如下。

```
void   go()
{
Light = 1;
right = 1;
IN1 = 0;
IN2 = 1;
IN3 = 0;
IN4 = 1;
}
```

(3)小车停止函数

小车停止函数的程序代码如下。

```
void   stop()
{
Light = 1;
Right = 1;
IN1 = 0;
IN2 = 0;
IN3 = 0;
```

```
IN4 = 0;
}
```

（4）小车左转函数

小车左转函数的程序代码如下。

```
void    turnleft()
{
Light = 1;
right = 1;
IN1 = 0;
IN2 = 0;
IN3 = 0;
IN4 = 1;
}
```

（5）小车右转函数

小车右转函数的程序代码如下。

```
void    turnright()
{
Light = 1;
Right    = 1;
IN1 = 0;
IN2 = 1;
IN3 = 0;
IN4 = 0;
}
```

（6）红外避障函数

红外避障的程序代码如下。

```
void avoid()
{
  if(OUTZ == 0 && OUTY == 0 ){
      stop();
  }else if(OUTZ == 1 && OUTY == 0 ){
      turnright();
  }else if(OUTZ == 0 && OUTY == 1 ){
      turnleft();
  }else{
```

```
        go();
    }
}
```

（7）主函数

主函数的程序代码如下。

```
void main()
{
    TMOD = 0x01;
    TH0 = 0x0FF;
    TL0 = 0x0A4;
    EA = 1;
    ET0 = 1;
    TR0 = 1;
    while(1)
    {
        avoid();
    }
}
```

（8）中断服务函数

中断服务函数的程序代码如下。

```
void intr() interrupt 1
{
TH0 = 0x0FF;
TL0 = 0x0A4;
}
```

5.1.5　作品展示

完成的红外避障小车实物如图 5.5 所示。

图 5.5　红外避障小车实物图

思政要点:通过制作红外循迹小车,使小车在红外传感器的帮助下按照既定轨道行走并达到终点,教导学生要善于听取他人意见,不断改善自身问题,告诉他们只有这样才能不断进步。

5.2　任务 2——超声波避障小车

学习目标

- 掌握 HC-SR04 模块的工作原理。
- 掌握 HC-SR04 模块的触发方式。
- 理解并运用 HC-SR04 模块测距。
- 能够利用 HC-SR04 模块实现小车的避障功能。

器件准备

序号	名称/型号	个数	Proteus 简称
1	STC89C52	1	AT89C52
2	HC-SR04 超声波模块	1	—
3	小车套件	1	—
4	L298N	1	—
5	电池盒	1	—
6	1.5 V 电池	4	—

知识准备

5.2.1　HC–SR04 原理

（1）超声波的概念

超声波是声波的一部分，超声波的频率高于人类听觉极限。人耳可以听到的声波振动范围从每秒 20 次（20 Hz）左右（隆隆的隆隆声）到每秒 20 000 次（20 000 Hz）左右（尖锐的啸叫声）。超声波的频率超过 20 000 Hz，因此人耳听不到。

与声波相同，超声波是由物质振动而产生的，并且只能在介质中传播。超声波广泛地存在于自然界中，许多动物都能发射和接收超声波，最被大众熟知的是蝙蝠，它能利用微弱的超声回波在黑暗中飞行并捕捉食物。

（2）HC-SR04 超声波模块

HC-SR04 超声波模块是由 2 个通用压电陶瓷超声传感器和外围信号处理电路构成的。在 2 个压电陶瓷超声传感器中，一个用于发出超声波信号，另一个用于接收反射回来的超声波信号。由于发出和接收到的超声波信号都比较微弱，为保证能稳定地将信号传输给单片机，通常需要利用外围信号放大器对发出和反射回来的信号进行放大。

HC-SR04 超声波模块一般用于机器人避障、障碍物测距、公共安防、停车场检测等场景。HC-SR04 超声波模块的主要性能如下：2~400 cm 的非接触式距离感测功能；测距精度可达 3 mm；工作电压为 DC 5 V；工作电流<15 mA；工作频率为 40 kHz；测量角度不大于15°。

（3）HC-SR04 超声波模块的引脚

如图 5.6 所示，HC-SR04 超声波模块有 4 个引脚，分别为 Vcc、Trig、Echo、GND。其中：V_{CC} 接 5 V 电源；GND 接地；Trig 是控制端，控制发出的超声波信号；Echo 是接收端，接收反射回来的超声波信号。

图 5.6　HC-SR04 超声波模块实物

思政要点：1. 由蝙蝠联想到其向人传播的病毒,教育学生爱护大自然,爱护野生动物,明确爱护动物就是在爱护人类自身；2. 讲解我国超声波技术的发展现状,向学生展示真正的"中国速度",即中国速度的背后是国家强大的实力,是中国特色社会主义的巨大优势,倡导学生坚决拥护中国共产党的领导,坚持走中国特色社会主义道路。

5.2.2　HC-SR04 超声波模块的时序

（1）工作流程

HC-SR04 超声波模块与其他器件不同,上电后不能立刻开始工作,需要主控机（单片机）向其发送触发信号,使其开始工作。HC-SR04 超声波模块的工作分为 3 个过程（图 5.7）:

1）由单片机发送触发信号给 HC-SR04,触发信号需要至少 10 μs 的高电平信号；

2）HC-SR04 自动发送 8 个 40 kHz 的方波,并自动检测是否有信号返回；

3）当检测到有信号返回时,通过 Echo 引脚输出回响信号,回响信号中脉冲宽度与所测的距离成正比。

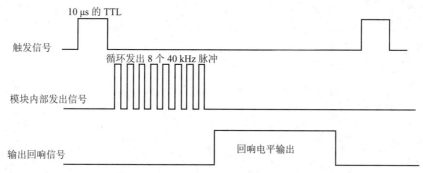

图 5.7　HC-SR04 超声波模块的时序图

（2）测距原理

当检测到有信号返回时, Echo 引脚将输出回响信号,而回响信号持续的时间就是超声波发出后到达障碍物并返回的时间之和。声音的传播速度在 1 个标准大气压和 15 ℃的条件下约为 340 m/s,由此便可以计算得到超声波模块与障碍物的距离。

那么,如何监测得到超声波到达障碍物并返回的时间呢? 本小节提供 2 个实现思路。

第一,给 Trig 引脚高电平进行触发,然后读取 Echo 引脚的信号是否为高电平,若为高电平,则开启定时器,然后继续检测等待;当其变为低电平的时候,停止计时,获取计数器值,计算得到目标时间。

第二,利用外部中断,将 Echo 引脚配置为上升沿中断,当外部中断被触发的时候,在中断函数中开启定时器,再将其配置为下降沿中断,然后等待下降沿中断的来临。当下降沿中断来临时,停止计时,获取计数器值,计算得到目标时间。

任务实施

5.2.3　程序代码

（1）引脚定义及初始化

引脚定义及初始化的程序代码如下。

```
//超声波
s bit Trig1 = P2^0 ;
s bit Echo1 = P2^1 ;
s bit Trig2 = P2^2 ;
s bit Echo1 = P2^3 ;
//轮胎
s bit IN1 = P1^0;
s bit IN2 = P1^1;
s bit IN3 = P1^2;
s bit IN4 = P1^3;
s bit ENA = P1^4;
s bit ENB = P1^5;
```

（2）10 ms 延时函数

10 ms 延时函数的程序代码如下。

```
void _nop10_()
  {
    _nop_();
    _nop_();
    _nop_();
    _nop_();
    _nop_();
    _nop_();
    _nop_();
    _nop_();
    _nop_();
    _nop_();
  }
```

（3）初始化函数

初始化函数的程序代码如下。

```
void timer1()
```

```
{
    TMOD = 0x01 ;

    TH0 = 0X00;
    TL0 = 0X00;
    ET0 = 1 ;
    TR0 = 1 ;
    TH1 = 0X00;
    TL1 = 0X00 ;
    ET1 = 1 ;
    TR1 = 0 ;
    EA = 1 ;
    }
```

（4）中断服务函数

中断服务函数的程序代码如下。

```
void runtimer1() interrupt 1
{
    TH1 = 0;
    TL1 = 0;
    TH0 = 0;
    TL0 = 0;
    }
```

（5）主函数

主函数的程序代码如下。

```
void main()
{
timer1();
Trig1 = 0 ;
Echo1 = 0 ;
Trig2 = 0 ;
Echo2 = 0 ;
while(1)
{
Trig1 = 1 ;
_nop10_();
Trig1 = 0 ;
```

```c
while(Echo1 == 0);
TR0 = 1 ;
while(Echo1);
TR0 = 0 ;
time1=(int)(TH0*256+TL0);
distance1=time1*0.017;
TH0=0;
TL0=0;
Trig2 = 1 ;
_nop10_();
Trig2 = 0 ;
while(Echo2 == 0);
TR0 = 1 ;
while(Echo2);
TR0 = 0 ;
time2=(int)(TH0*256+TL0);
distance2=time2*0.017;
TH0=0;
TL0=0;
if(distance1>20 && distance2>20)
{
   run();
}
else if(distance2<20 && distance2>0)
{
   turnleft();
}
else if(distance1<20 && distance1>0)
{
   turnright();
}
else if(distance1<20 && distance2<20)
{
   stop();
}
   }
      }
```

5.2.4　作品展示

超声波避障小车的实物如图 5.8 所示。

图 5.8　超声波避障小车实物图

5.3　任务 3——蓝牙小车

学习目标

- 掌握蓝牙模块的配置方法。
- 掌握蓝牙与单片机串口通信设计。
- 掌握波特率的计算。
- 了解串行接口控制寄存器配置。

器件准备

序号	名称/型号	个数	Proteus 简称
1	STC89C52	1	AT89C52
2	HC-05 蓝牙模块	1	—
3	小车套件	1	—
4	L298N	1	—
5	电池盒	1	—
6	1.5 V 电池	4	—

知识准备

5.3.1　HC–05 蓝牙模块

（1）HC-05 蓝牙模块的基本概念

HC-05 是一款主从一体式串口蓝牙模块,主要用于短距离的数据无线传输领域。HC-05 采用英国 CSR 公司的 BlueCore4-Ext 芯片,遵循 V2.0+EDR 蓝牙规范,如图 5.9 所示。HC-05 使用时无须理解复杂的蓝牙协议,把它当作普通串口使用即可,串口通信为透传模式,由于它同时支持主从机模式,所以任意两个蓝牙模块之间都是可以通信的。避免了烦琐的线缆连接,能直接替代串口线。

图 5.7　HC-05 蓝牙模块实物

HC-05 蓝牙模块支持 UART, USB, SPI, PCM, SPDIF 等接口,并支持 SPP 蓝牙串口协议。其优点是成本低、体积小、功耗低、收发灵敏性高,与其他外围元件结合起来就能实现强大的功能。

HC-05 蓝牙模块具有 6 个外置引脚,分别是 EN、VCC、GND、TXD、RXD、STATE,各引脚的功能见表 5.1。

表 5.1　HC-05 蓝牙模块的引脚功能

引脚	功能
EN	使能端,需要进入 AT 模式时接 3.3 V
VCC	电源输入
GND	接地
TXD	串口发送
RXD	串口接收
STATE	蓝牙连接状态指示

思政要点:通过介绍蓝牙模块的通信原理和协议,引出对中国通信发展历史的介绍,从烽火台、虎符到移动通信、5G 技术,从丝绸之路到"一带一路",从而增强学生的民族自信自强,树立大国情怀。

5.3.2 HC-05 蓝牙模块工作原理

(1)工作原理

两个设备主控芯片或单片机分别连接一块 HC-05 蓝牙模块,注意两块 HC-05 的串口控制引脚采用交叉连接的方式,即主控端设备的 TXD 连接主控端 HC-05 的 RXD,被控端设备的 RXD 也连接被控端 HC-05 的 TXD,如图 5.8 所示。HC-05 自带透传功能,也就是说主控芯片串口发送什么数据,HC-05 就转发什么数据。蓝牙模块有主机和从机之分,出厂默认为从机模式。如果需要设置为主机模式,需要通过 AT 指令对蓝牙进行设置。

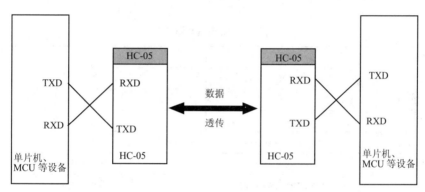

图 5.8 HC-05 工作原理

(2)工作模式

HC-05 蓝牙模块有 2 种工作模式。命令响应工作模式和自动连接工作模式。

1)命令响应工作模式,也称作 AT 模式。当模块处于命令响应工作模式时,可执行 AT 命令,用户可向模块发送各种 AT 指令,为模块设定控制参数或发布控制命令。在 AT 模式下,模块的波特率只能是 38 400。按住 HC-05 蓝牙模块上的复位键然后再上电,此时蓝牙模块上的 LED 灯以 2 s 间隔闪烁,就表示进入了 AT 模式。注意:当 HC-05 进入已配对状态时,除非重新上电复位,否则是无法进入 AT 模式的,也就不能发任何 AT 指令。

2)自动连接工作模式。在自动连接工作模式下, HC-05 又可分为主(Master)、从(Slave)和回环(Loopback)三种工作角色。当 HC-05 处于自动连接工作模式时,将自动根据事先设定的方式连接并进行数据传输。这三种工作角色的功能如下:①在主模式下,HC-05 可以主动搜索并连接其他蓝牙模块并接收发送数据;②在从模式下,HC-06 只能被搜索被其他蓝牙模块连接进行接收数据;③在回环模式下, HC-05 只能被动连接,接收远程蓝牙主设备数据并将接收的数据原样返回给远程蓝牙主设备。

当 HC-05 处于不同模式时,HC-05 上的 LED 灯呈现不同的闪烁状态。HC-05 的不同指示灯状态见表 5.2。

表 5.2 HC-05 的指示灯状态

状态	说明
快闪,0.5 秒闪烁 1 次	正常工作模式,模块进入可配对状态
慢闪,2 秒闪烁 1 次	AT 模式,此时可以直接发 AT 指令,波特率是 38 400
双闪,一次闪 2 下	已配对状态,此时是透传模式

（3）AT 指令

AT 指令是应用于终端设备与 PC 应用之间进行连接与通信的指令。AT 即 Attention 的缩写。每个 AT 命令行中只能包含一条 AT 指令;对于 AT 指令的发送,除 AT 两个字符外,最多可以接收 1 056 个字符的长度(包括最后的空字符)。下面介绍常用的 AT 指令,见表 5.3。

表 5.3 常用 AT 指令

指令	响应	说明
AT	OK	测试指令
AT+RESET	OK	模块复位
AT+NAME=<Param>	OK	设置设备名称
AT+NAME?	+NAME:<Param> OK	获得设备名称
AT+PSWD=<Param>	OK	设置模块密码
AT+PSWD?	+PSWD:<Param> OK	获得模块密码
AT+UART=<Param1>,<Param2>,<Param3>	OK	设置串口参数
AT+UART=?	+UART:<Param1>,<Param2>,<Param3> OK	获得串口参数
AT+VERSION?	+VERSION:<Param> OK	获得软件版本号
AT+ORGL	OK	恢复默认状态
AT+ADDR?	+ADDR:<Param> OK	获得蓝牙模块地址
AT+ROLE=Param	+ROLE:Param OK	Param 参数取值:0 从角色(Slave),1 主角色(Master),2 回环角色(Slave-Loop),默认值为 0
AT+STATE?	+ STATE:Param OK	返回模块工作状态:"INITIALIZED"—初始化状态;"PAIRABLE"—可配对状态;"INQUIRING"—查询状态;"CONNECTING"—正在连接状态

利用指令"AT+UART?"获得串口参数,串口的参数一共有 3 个:波特率、停止位、检验位,其取值见表 5.4。

表 5.4 串口参数

参数名称	取值
波特率	2 400、4 800、9 600、19 200、38 400、57 600、 115 200、230 400、460 800、921 600、1 382 400
停止位	0:1 位 1:2 位
校验位	0:NONE;1:Odd;2:Even

进行 AT 指令设置时,需要将 USB 转 TTL 模块与蓝牙模块连接,然后将 USB 转 TTL 模块连接电脑上,在电脑上安装串口助手之类的串口通信软件进行设置。USB 转 TTL 模块与蓝牙模块的连线方式如图 5.9 所示。

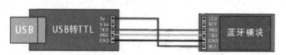

图 5.9 USB 转 TTL 模块与蓝牙模块连接

此处以 XCOM V2.0 为例,展示如何进行 AT 指令设置,如图 5.10 所示。

图 5.10 AT 指令设置

任务实施

5.3.3 程序代码

(1)引脚定义及初始化

引脚定义及初始化的程序代码如下。

```
s bit AIN1 = P2^0;
s bit AIN2 = P2^1;
s bit AIN3 = P2^2;
s bit AIN4 = P2^3;
s bit AENA = P2^4;
s bit AENB = P2^5;
int direction = 0;
```

（2）小车左转函数

小车左转函数的程序代码如下。

```
void turnleft()
{
   AIN1 = 1 ;
   AIN2 = 0 ;
   AIN3 = 0 ;
   AIN4 = 1 ;
}
```

（3）小车右转函数

小车右转函数的程序代码如下。

```
void turnright()
{
   AIN1 = 0 ;
   AIN2 = 1 ;
   AIN3 = 1 ;
   AIN4 = 0 ;
}
```

（4）小车前进函数

小车前进函数的程序代码如下。

```
void run()
{
   AIN1 = 1 ;
   AIN2 = 0 ;
   AIN3 = 1 ;
   AIN4 = 0 ;
}
```

（5）小车后退函数

小车后退函数的程序代码如下。

```
void back()
{
    AIN1 = 0 ;
    AIN2 = 1 ;
    AIN3 = 0 ;
    AIN4 = 1 ;
}
```

（6）小车停止函数

小车停止函数的程序代码如下。

```
void stop()
{
    AIN1 = 0 ;
    AIN2 = 0 ;
    AIN3 = 0 ;
    AIN4 = 0 ;
}
```

（7）初始化函数

初始化函数的程序代码如下。

```
void init()
{
PCON = 0x00;                        //SMOD=1;
TMOD = 0x20;                        //8 位自动加载计数器
TH1 = 0xfd;
TL1 = 0xfd;
TR1 = 1;
REN = 1;
SM0 = 0;
SM1 = 1;                   //串口
EA = 1;                    //中断
ES = 1;
}
```

（8）中断服务函数

中断服务函数的程序代码如下。

```
void runtimer() interrupt 4 {
char receive_data;
if(RI == 1)
{
    RI = 0;
    receive_data = SBUF;
    if(receive_data == 'w' )
    {
      direction = 1 ;
    }
    else if(receive_data == 's' )
    {
      direction = 2 ;
    }
      else if(receive_data == 'a' )
    {
      direction = 3 ;
    }
      else if(receive_data == 'd' )
    {
      direction = 4 ;
    }
    else if(receive_data == 'x' )
    {
      direction = 0 ;
    }
  }
}
```

（9）主函数

主函数的程序代码如下。

```
void main()
{
  init();
    while(1)
{
    if ( fx == 1 )
{
```

```
        run() ;
    } else if ( fx == 2 )
{
        back();
    }
    else if ( fx == 3 )
{
        turnleft();
    }
    else if ( fx == 4 )
{
        turnright();
    }
    else if ( fx == 0 )
{
        stop();
    }
else
{
        stop();
    }
    }
}
```

5.3.4　作品展示

蓝牙小车的实物如图 5.11 所示。

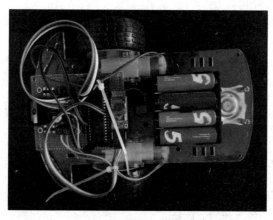

图 5.11　蓝牙小车实物

5.4　项目实践——智能小车

5.4.1　程序代码

（1）循迹模块

循迹模块的程序代码如下。

```
void    GX(void)
{
  while(1)
  {
                        //两边传感器同时检测到目标
    if(Left_1_led==1&&Right_1_led==1)
                //小车前进
    run();
    else
    {
                      //右边传感器检测到目标
      if(Left_1_led==1&&Right_1_led==0)
      {
                      //小车右转
        rightrun();
        delay(20);
      }

                      //左边传感器检测到目标
      if(Right_1_led==1&&Left_1_led==0)
      {
                      //小车左转
        leftrun();
        delay(20);
      }
                      //两边传感器同时检测到目标
      if(Right_1_led==0&&Left_1_led==0)
      {
                      //小车停止
        stoprun();
```

```
                delay(20);
            }
        }
                        //如果收到蓝牙不是 gx 则退出
        if(buff[2]!=gx) return;
    }
    return;
}
```

（2）超声波避障模块

超声波避障模块的程序代码如下。

```
void CSB()
{
                    //延时片刻
    Delay1ms(5);
                    //舵机居中
    angle=12;
        count=0;
                        //初始化定时器
        TIM0init();
        while(1)
        {
        chaoshengbo();
        Front_Distance = S;
            DelayMs(20);
                        //如果大于 30 cm
            if(Front_Distance > 30)
            {
                        //前进
        run();
        }
//如果小于 30 cm
        if(Front_Distance < 30)
        {
                        //停车
        stoprun();
                        //舵机左转
                    angle=4;
```

```
                count=0;
                DelayMs(400);
                chaoshengbo();
Right_Distance= S;
                DelayMs(20);

                //舵机居中
                angle=12;
                count=0;
                DelayMs(400);

                //舵机右转
                angle=20;
                count=0;
                DelayMs(400);
                chaoshengbo();
Left_Distance = S;
                DelayMs(20);

                //舵机居中
angle=12;
                count=0;
                DelayMs(400);

                //左右两边距离都小于30 cm
if((Left_Distance < 30 ) &&( Right_Distance < 30 ))
    {
                //后退
        backrun();
        DelayMs(80);
                //左转
        leftrun;
        DelayMs(40);
    }
else
    {
                //左边距离小于右边的距离
    if(Left_Distance < Right_Distance)
```

```
        {
                        //小车右转
            rightrun();          \
            DelayMs(100);
        }

        if(Left_Distance >= Right_Distance)
        {
                        //小车左转
            leftrun();
            DelayMs(100);
        }


        }

    }
  if(buff[2]!=csb) return;
  }
  return;
}
```

（3）蓝牙指令

蓝牙指令的程序代码如下。

```
#define up       'A' //前进
#define down      'B' //后退
#define left     'C' //左转
#define right    'D' //右转
#define stop     'F' //停止
#define xj       'G' //循迹
#define csb      'S' //超声波
```

（4）蓝牙控制

蓝牙控制的程序代码如下。

```
//第 1 个字节为 O, 第 2 个字节为 N, 第 3 个字节为控制码
if(buff[0]=='O' &&buff[1]=='N')
  switch(buff[2])
  {
    case up :                          // 前进
```

```
            send_str( );
            run();
            ShowPort=LedShowData[1];
            break;
        case down:                          //后退
            send_str1( );
            backrun();
            ShowPort=LedShowData[2];
            break;
        casc left:                          //左转
            send_str3( );
            leftrun();
            ShowPort=LedShowData[3];
            break;
        case right:                         //右转
            send_str2( );
            rightrun();
            ShowPort=LedShowData[4];
            break;
        case stop:                          //停止
            send_str4( );
            ShowPort=LedShowData[0];
            stoprun();
            break;
        case xj:                            //跟随
            send_str5( );
                    ShowPort=LedShowData[5];
            GX();
            break;
        case   csb:                         //超声波
            send_str6( );
                    ShowPort=LedShowData[5];
            CSB();
            break;
    }
```

5.4.2 作品展示

完成的智能小车实物如图 5.12 所示。

图 5.12 智能小车

5.5 本章小结

红外传感器的工作原理是发射管发射出一定频率的红外线,当在检测方向上遇到障碍物时,红外线反射回来被接收管接收,经过比较器电路处理之后,信号输出接口输出低电平信号。白色能够反射红外线而黑色不行,所以可用作黑白循迹,还可以用作光电开关等。

超声波传感器的工作原理是单片机给 Trig 引脚一个至少 10 μs 的高电平 TTL 脉冲信号,触发模块工作;模块检测到触发信号后,会自动发送 8 个 40 kHz 的方波并切换至监测模式;如监测到有信号返回,通过 Echo 引脚输出一个高电平,高电平持续的时间就是超声波从发射到返回的时间;结合声音传播速度,即可计算距离。

蓝牙模块的工作原理是通过传输协议获取数据,然后利用数据进行工作。蓝牙协议通俗点来说就是两个设备以某种提前约定好的规则,在某个时间点跳到某条频率(频道)上然后一个发送数据包一个接收数据包,然后再跳到另外一条频道上继续发送和接收数据包。

第 6 章　智能环境监测系统

本章项目通过 LCD1602 显示、温湿度监测系统、酒精浓度监测系统 3 个任务,最终完成智能环境监测系统实验。本章实验的目的是使学生了解液晶显示屏的工作原理,掌握 LCD1602 显示控制;熟悉 DHT11 的工作原理,掌握 DHT11 通信过程,能够读取 DHT11 检测的温湿度值并正确进行显示;熟悉 MQ-3 酒精浓度传感器的工作原理,掌握 PCF8591 的 A/D 转换原理,能够正确获取 MQ-3 检测的酒精浓度值。

智能环境监测系统的实物如图 6.1 所示。

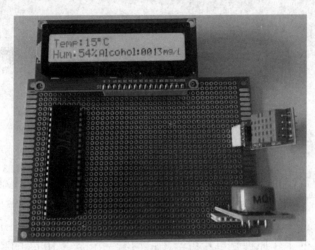

图 6.1　智能环境监测系统电路实物

6.1　任务 1——LCD1602 显示

学习目标

- 熟练掌握 LCD 液晶显示器的配置方法。
- 能够实现单片机控制 LCD1602A 显示 "Hello PHU" 和 "www.peihua.cn"。

器件准备

序号	名称/型号	个数	Proteus 简称
1	STC89C52RC	1	AT89C52
2	LCD1602	1	LM016L
3	电容 30 pF	2	CAP
4	晶振 12 MHz	1	CRYSTAL

知识准备

6.1.1　液晶显示器

液晶显示器(Liquid Crystal Display, LCD)的结构是之间填充液体水晶溶液的两片极化材料。当电流通过该液体时会使水晶晶体重新排列,以使光线无法透过。因此,每个水晶晶体就像一面百叶窗,既能允许光线穿过又能挡住光线,通过水晶的重新排列从而达到成像的目的。

液晶显示器具有耗电量低、体积小、辐射低的优点,因此在日常生活中应用非常广泛,经常作为电子产品的中断显示器件,如计算器、数字型钟表、万用表及便携式计算机等。

由于 LCD 液晶显示器较为脆弱,厂家通常将 LCD 控制器、驱动器、RAM、ROM 和液晶显示屏用 PCB 连接到一起,称为液晶显示模块(LCD Module,LCM)。一般我们所说的 LCD 液晶显示器指的就是液晶显示模块。液晶显示模块按功能划分,一般分为笔段式液晶模块、字符点阵式液晶模块及图形点阵式液晶模块。

> **思政要点**:介绍常用的显示屏技术,目前最先进的显示屏技术是 OLED,而 OLED 也只是在近几年才发展成熟的,此前由于显示材料和显示技术水平的限制一直未能实现产业应用。如今我国已有约 40 家从事 OLED 技术研发的大学和研究机构。通过上述内容激发学生的民族自豪感和使命感,树立科学报国的信念。

6.1.2　LCD1602 模块

（1）LCD1602 简介

在单片机应用系统中, LCD1602 是初学者较早接触的字符型液晶模块。内部控制器大部分为 HD44780,该模块能够显示英文字母、阿拉伯数字、日文片假名和一般性符号,外观如图 6.2 所示。

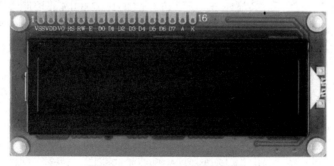

图 6.2　LCD1602 液晶显示模块

（2）LCD1602 引脚

LCD1602 各引脚功能功能见表 6.1,介绍如下。

1）引脚 1（VSS）:电源地。

2）引脚 2（VDD）：接 5 V 电源正极。

3）引脚 3（V0）：液晶显示器对比度调整端。V0 接正电源时对比度最弱，接地电源时对比度最高，对比度过高时会产生"鬼影"，使用时可以通过一个 10 kΩ 的电位器调整对比度。

4）引脚 4（RS）：命令/数据选择。当 RS 为低电平时，选择指令寄存器；当 RS 为高电平时，选择数据寄存器。

5）引脚 5（RW）：读/写信号线。RW 为高电平时，进行读操作，从 LCD1602 读取状态或数据；为低电平时，进行写操作，向 LCD1602 写入命令或数据。

6）引脚 6（E）：使能端。E 为高电平时读取信息，负跳变时液晶模块执行指令。

7）引脚 7~4（D0 ~ D7）：8 位双向数据线。

8）引脚 15、16（空脚或背灯电源）：第 15 引脚为背光电源正极，第 16 引脚为背光电源负极。

表 6.1   LCD1602 引脚

引脚号	符号	引脚说明	引脚号	符号	引脚说明
1	VSS	电源地	9	D2	数据端口
2	VDD	电源正极	10	D3	数据端口
3	VO	偏压信号	11	D4	数据端口
4	RS	命令/数据	12	D5	数据端口
5	RW	读/写	13	D6	数据端口
6	E	使能	14	D7	数据端口
7	D0	数据端口	15	A	背光正极
8	D1	数据端口	16	K	背光负极

（3）LCD1602 显示

LCD 显示模块的显示需要关注显示位置和显示内容，LCD1602（即 16 字符 ×2 行）可以显示两行，每行 16 个字符，共显示 32 个字符，LCD1602 的内部控制器 HD44780 有 80 B 的 RAM 缓冲区（DDRAM），分两行，第一行地址为 00H~27H，第二行地址为 40H~67H，每行都是 40 个字节，如图 6.3 所示。

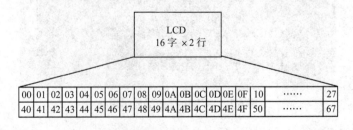

图 6.3   RAM 地址与显示位置关系

需要注意的是，LCD1602 每行只能显示 16 个地址位置，即第一行为 00H~0FH，第二行为 40H~4FH,超出范围必须使用移屏指令移入地址范围才能进行显示。另外,由于 LCD1602 内部的地址指针从 80H 开始,因此在实际使用中,确定位置时需要将地址加上 80H,如第一行第一列地址应为 80H+00H,以此类推。

　　LCD1602 的内部控制器 HD44780 有自己的字符发生存储器(ROM),内部存储了 160 个不同的数字和字符,包含阿拉伯数字、英文字母大小写、常用符号及日文假名等,如图 6.4 所示。每个字符都有一个固定的代码,显示时只需送入对应固定代码即可。另外,该显示模块内有 64 B 的自定义字符 RAM(CGRAM),用户可自定义点阵字符。

图 6.4　LCD1602 的字符库

（4）LCD1602 读写操作及时序

　　由于液晶模块是一个慢显示器件,显示过程比较耗时,因此在执行操作前需要确认模块是否空闲,LCD1602 设置了一个忙碌标志位,连接在数据端口 D7 上,当 D7 为 1 时,表示 LCD1602 处于忙碌状态,指令失效;当 D7 为 0 时,表示 LCD1602 处于空闲状态,可以进行读写操作。

LCD1602 的基本操作分为读操作和写操作,其中读操作分为读状态和读数据,写操作分为写指令和写数据。其中使能信号 E 为高电平时,进行读操作;使能信号 E 为正跳变,进行写操作;使能信号 E 为负跳变,开始执行指令。读写设置见表 6.2。

表 6.2　LCD1602 读写设置表

功能	RS	R/W	E	D0~D7	
				输入	输出
读状态	0	1	1	无	状态字
读数据	1	1	1	无	数据
写指令	0	0	高脉冲	指令码	无
写数据	1	0	高脉冲	数据	无

LCD1602 显示模块的读/写时序如图 6.4 和图 6.5 所示。

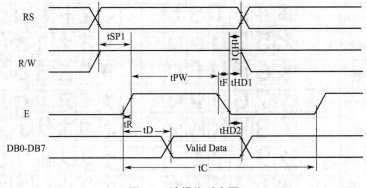

图 6.5　读操作时序图

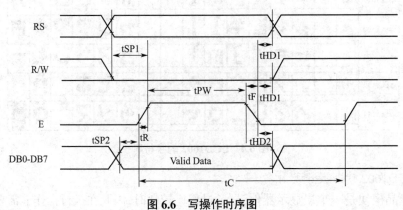

图 6.6　写操作时序图

(5)LCD1602 的指令格式

LCD1602 内部控制器有 11 条控制指令用以控制显示模块的正确显示,控制指令表见表 6.3。

表 6.3 LCD1602 控制指令表

序号	指令	RS	RW	D7	D6	D5	D4	D3	D2	D1	D0
1	清屏	0	0	0	0	0	0	0	0	0	1
2	光标复位控制	0	0	0	0	0	0	0	0	1	*
3	输入方式控制	0	0	0	0	0	0	0	1	I/D	S
4	显示控制	0	0	0	0	0	0	1	D	C	B
5	光标/字符移位控制	0	0	0	0	0	1	S/C	R/L	*	*
6	功能设置	0	0	0	0	1	DL	N	F	*	*
7	字符发生器地址设置	0	0	0	1	字符发生存储器地址					
8	数据存储器地址设置	0	0	1	显示数据存储器地址						
9	读忙标志和地址	0	1	BF	计数器地址						
10	向 DDRAM 或 CGRAM 写入数据	1	0	要写的数据							
11	从 DDRAM 或者 CGRAM 读数据	1	1	读取的数据							

对 LCD1602 的指令介绍如下。

1）指令 1:清屏。清除液晶显示器,包含将 DDRAM 内容全部填入空格(ASCII 码为 20H),光标回到显示屏左上角,同时将地址计数器(AC)的值设为 0。

2）指令 2:光标复位控制。包含将光标撤回到显示屏左上角,将地址计数器(AC)的值设为 0,同时保持 DDRAM 内容不变。

3）指令 3:输入方式控制,包含设置写入数据后的光标移动方向和内容是否移动。当 I/D=0 时,光标左移;当 I/D=1 时,光标右移。当 S=0 时,显示屏不移动;当 S=1 时,显示屏右移一个字符。

4）指令 4:显示控制。控制显示器开/关时, D=0 时,显示器不显示, D=1 时,显示器显示;控制光标开/关时, C=0 时,光标不显示, C=1 时,光标显示;控制光标是否闪烁时, B=0 时,光标不闪烁,B=1 时,光标闪烁。

5）指令 5:光标/字符移位控制。控制光标移位或显示屏移位, S/C=0 时,光标移位,S/C=1 时,显示屏移位;R/L=0 时,光标或显示屏左移,R/L=1 时,光标或显示屏右移。

6）指令 6:功能设置,包含设置数据总线的位数、显示的行数及字型。DL=0 时,数据总线为 4 位;DL=1 时,数据总线为 8 位。N=0 时,单行显示;N=1 时,两行显示。F=0 时,显示 5×7 点阵/字符;F=1 时,显示 5×10 点阵/字符。

7）指令 7:字符发生器地址设置。设置字符发生器 CGRAM 地址。

8）指令 8:数据存储器地址设置。设置 DDRAM 地址。

9）指令 9:读忙标志和地址。BF=0 时,显示器空闲,可以接收数据与指令;BF=1 时,显示器忙,无法接收数据与指令。

10）指令 10:向 DDRAM 或 CGRAM 写入数据。

11）指令 11:从 DDRAM 或 CGRAM 读数据。

（6）LCD1602 的一般初始化过程

LCD1602 初始化的过程,也就是写指令的过程,一般的初始化步骤如下:

1）指令 6,设置功能（8 位数据总线,双行显示,每位采用 5×7 点阵）;

2）指令 4,进行显示控制（关显示,关光标,无闪烁）;

3）指令 3,设置输入方式（光标自动右移,文字不移动）;

4）指令 1,清屏;

5）指令 4,显示控制（开显示）。

任务实施

6.1.3　电路设计和程序代码

（1）电路设计

LCD1602 显示电路的设计仿真如图 6.7 所示。

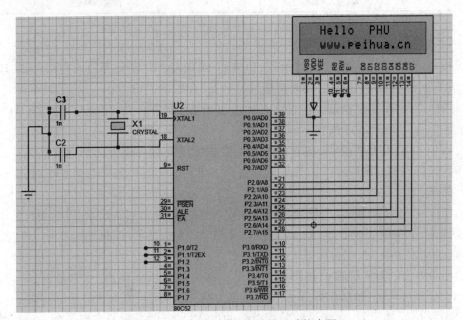

图 6.7　LCD1602 显示电路的设计仿真图

（2）程序代码

1）头文件的程序代码如下。

```
#include <reg52.h>
#include <intrins.h>
#define NOP    _nop_()
#define uint unsigned int
#define uchar unsigned char
```

2）引脚定义及初始化的程序代码如下。

```
s bit RS=P1^0;                          //LCD 数据/命令选择方式端口定义
s bit RW=P1^1;                          //LCD 读写使能端口定义
s bit E=P1^2;                           //LCD 使能端口定义
s bit bflag=P2^7;                       //LCD 忙指示端口,高电平为忙
```

3）主要功能的程序代码如下。

```
void delay_ms(int ms)
{
    while(ms--)
    {
        int i = 100;
        while(i--) {}
    }
}
void busy_1602()                    //判断 LCD 忙闲?
{
// delay_ms(10); 仿真时只使用延时函数即可
do
    {
    P2=0xff;
    RS=0;                          //RS=0,RW=1 时才可读忙信号
    RW=1;
    E=0;
    _nop_();
    E=1;
    }while(bflag);                 //当其值为 0 时,表示不忙,才可以接收命令或者数据信号
}
void wreg_1602(unsigned char com)       //函数功能:写指令函数
{
    busy_1602();
    RS=0;                          //当 RS=0,RW=0 时,表明写入的是命令
    RW=0;
    E=1;
    P2=com;                        //当使能由高到低时,LCD 执行相应命令
    E=0;
}

void wdata_1602(unsigned char dat)      //函数功能:写数据函数
```

```
{
    busy_1602();
    RS=1;                              //当 RS=1,RW=0 时,表明写入的是数据
    RW=0;
    E=1;
    P2=dat;                            //当使能由高到低时,LCD 执行相应命令
    E=0;
}

void lcd_pos(unsigned char pos)        //函数功能:指定数据显示地址
{
    wreg_1602(pos | 0x80);             //命令 8,最高位必须为 1,第一行最左边地址
为 0x00;第二行为 0x40      指令 8
}

void init_1602()            //函数功能:设置 LCD1602 的开显示光标不闪烁等的功能
{
    wreg_1602(0x38);                   //指令 6, 8 位数据总线,双行显示,每位采
用 5*7 点阵   指令 6
    wreg_1602(0x08);                   //指令 4,关显示,关光标,无闪烁
    wreg_1602(0x06);                   //指令 3,光标自动右移,文字不移动
    wreg_1602(0x01);                   //指令 1,清显示
    wreg_1602(0x0c);                   //指令 4,开显示
}
```

4)主函数的程序代码如下。

```
void main(void)
{
    init_1602();
while(1)
    {
    lcd_pos(0x00+0x02);                //第一行 Hello PHU
    wdata_1602('H');
    wdata_1602('e');
    wdata_1602('l');
    wdata_1602('l');
    wdata_1602('o');
    wdata_1602(' ');
```

```
wdata_1602(' ');
wdata_1602('P');
wdata_1602('H');
 wdata_1602('U');
lcd_pos(0x40+0x02);            //第二行 WWW.peihua.cn
wdata_1602('w');
wdata_1602('w');
wdata_1602('w');
wdata_1602('.');
wdata_1602('p');
wdata_1602('e');
wdata_1602('i');
wdata_1602('h');
wdata_1602('u');
  wdata_1602('a');
  wdata_1602('.');
  wdata_1602('c');
  wdata_1602('n');
 }
}
```

6.1.4 作品展示

完成的 LCD1602 显示电路实物如图 6.8 所示。

图 6.8 LCD1602 电路实物图

6.2　任务 2——温湿度监测系统

- 熟悉 DHT11 温湿度传感器的工作原理。
- 掌握 DHT11 温湿度传感器的通信过程。
- 掌握液晶显示器 LCD1602 的使用。
- 能够正确获取 DHT11 温湿度传感器的检测数据并在 LCD1602 上进行显示。

序号	名称/型号	个数	Proteus 简称
1	STC89C52RC	1	ATC89C52
2	DHT11	1	DHT11
3	LCD1602	1	LM016 L
4	30 pF	2	CAP
5	12 MHz	1	CRYSTAL

6.2.1　DHT11 温湿度传感器简介

温湿度传感器是指能将温度和湿度转换成容易被测量处理的电信号的设备或装置。市场上的温湿度传感器一般用于测量温度和相对湿度。图 6.9 所示为 DHT11 温湿度传感器，它是一款含有已校准数字信号输出的温湿度复合传感器，广泛应用于空调、测试及检测设备、消费品自动控制、家电、湿度调节器、医疗、除湿器等领域。

图 6.9　DHT11 数字温湿度传感器

（1）DHT11 温湿度传感器简介

DHT11 温湿度传感器应用专用的数字模块采集技术和温湿度传感技术，产品具有极高的可靠性与稳定性，内部由一个电阻式感湿元件和一个负温度系数（NTC）测温元件组成，湿度测量范围是 20%RH ~90%RH,误差在 ±5%RH;温度测量范围是 0~50 ℃,误差为 ±2 ℃。

（2）DHT11 温湿度传感器引脚

DHT11 温湿度传感器有 4 个引脚,见表 6.4。

表 6.4　DHT11 温湿度传感器引脚说明

引脚号	引脚名称	引脚说明
1	VDD	供电 3~5.5 V
2	DATA	串行数据,单总线
3	NC	空脚
4	GND	接地

DHT11 的供电电压为 3~5.5 V。传感器上电后,要等待 1 s 越过不稳定状态,在此期间无须发送任何指令。DHT11 使用单总线与 MCU 进行半双工通信,当连接线长度短于 20 m 时可用 5 kΩ 的上拉电阻,大于 20 m 时需要根据实际情况选择合适的上拉电阻。DHT11 的连接方式如图 6.10 所示。

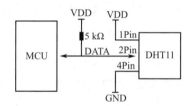

图 6.10　DHT11 与 MCU 接口电路

思政要点:介绍目前常见的民用传感器,主要的军用传感器,尤其是国产的先进传感器,帮助学生们增长见识,提升学生的民族自豪感和民族自信心。介绍光电、位移传感器时,让学生观看巨浪-2、东风-17、歼 20 等国产新型高精尖武器装备,介绍其性能特点的同时,强调红外成像、激光、雷达等传感器在其中制导、定位等方面所起的重要作用,让学生体会传感器在现代科技中的作用及重要性,同时引领学生感受我国强大的军事能力。

6.2.2　DHT11 传感器的数据格式及通信过程

（1）数据格式

DHT11 传感器与单片机之间通信采用单总线数据格式,一次通信时间 4 ms 左右,一次数据传输是 40 bit,按照高位在前、低位在后的顺序传输。包含 8 bit(1 byte)湿度整数数据、8 bit 湿度小数数据、8 bit 温度整数数据、8 bit 温度小数数据、8 bit 校验和。数据格式如图

6.11 所示。其中校验和为前 4 个字节之和的末 8 位,校验的目的是保证数据传输的准确性。如果相等,则表示数据传输正确,如果不相等,则重新传输。

byte4	byte3	byte2	byte1	byte0
00101101	00000000	00011100	00000000	01001001
整数	小数	整数	小数	校验和
湿度		湿度		校验和

图 6.11　传输数据格式

（2）通信过程

DHT11 传感器采用单总线协议与单片机通信,有严格的时序。DHT11 只有在接收到开始信号后才进行一次温湿度采集,在此之前,总线处于高电平。主机通过拉低总线电平发送开始信号,保持至少 18 ms 后拉高总线,等待 DHT11 的响应信号。DHT11 接收到主机的开始信号后,等待主机开始信号结束,然后发送 80 μs 低电平响应信号,再把总线拉高,准备发送数据,每 1 bit 数据都以低电平开始。通信时序如图 6.12 所示。

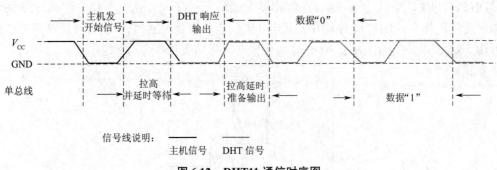

图 6.12　DHT11 通信时序图

Ⅰ. 主机开始信号及 DHT11 响应信号

主机发送开始信号（至少拉低 18 ms）后,拉高总线延时等待 20~40 μs 后读取 DHT11 的回应信号,读取总线为低电平,说明 DHT11 发送响应信号。

DHT11 在上电后会自动测试环境温湿度,DATA 引脚由上拉电阻拉高保持高电平,处于输入状态,检测是否有主机发送的开始信号。一旦 DATA 引脚检测到外部信号有低电平时,DHT11 从低功耗模式转换到高速模式,等待外部信号低电平结束,此时 DATA 引脚处于输出状态,输出 80 μs 的低电平作为响应信号,再输出 80 μs 的高电平通知单片机准备接收数据,此时主机处于输入状态,检测到有低电平（DHT11 回应信号）后,等待 80 μs 高电平后进行数据接收。DHT11 传感器的响应时序如图 6.13 所示。

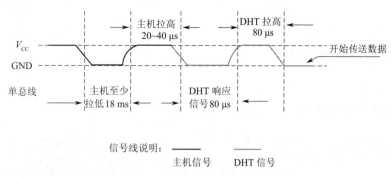

图 6.13　DHT11 传感器的响应时序图

Ⅱ. 数据传输

DHT11 发送每 1 bit 数据都以 50 μs 低电平开始,告知主机数据传输开始了,当 50 μs 低电平过后拉高总线,高电平的持续时间决定了传输的数据位是 0 还是 1,数据 "0" 的高电平持续 26~28 μs,数据 "1" 的高电平持续 70 μs。DHT 传感器的数据传输时序如图 6.14 和 6.15 所示。

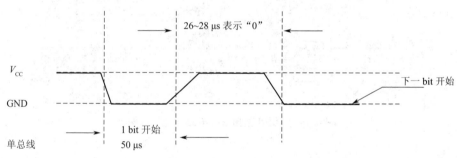

图 6.14　DHT11 传感器数字 "0" 通信时序图

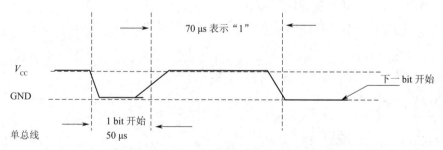

图 6.15　DHT11 传感器数字 "1" 通信时序图

编写代码时,只需在拉高总线电平后,在 28 μs 之后, 70 μs 之前进行检测,如果是低电平,则表示传输为 "0",如果是高电平,则表示传输为 "1"。

在输出 40 bit 数据后, DATA 引脚继续输出低电平 50 μs 后转为输入状态。上拉电阻拉高总线,DHT11 重测环境温湿度数据,等待下一次外部信号的到来。

任务实施

6.2.3　电路设计和程序代码

（1）电路设计

温湿度监测系统电路的设计仿真如图 6.16 所示。

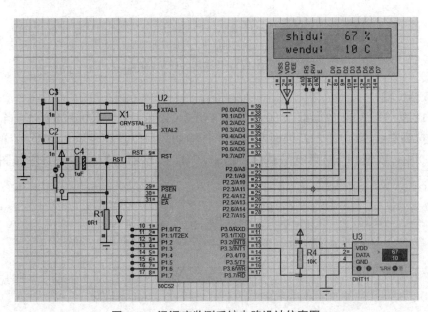

图 6.16　温湿度监测系统电路设计仿真图

（2）程序代码

Ⅰ．DHT11.h 的主要代码

1）引脚定义及初始化的程序代码如下。

```
#define uchar unsigned char
#define uint unsigned int
s bit Data=P3^3;                 //DHT11 的数据引脚
uchar rec_dat[4];
//μs 延时
void DHT11_delay_us(uchar n){
    while(--n);
}
//ms 延时
void DHT11_delay_ms(uint z){
    uint i,j;
    for(i=z;i>0;i--)
        for(j=110;j>0;j--);
```

```
}
//初始化数据时序
void DHT11_start()
{
    Data=1;
    DHT11_delay_us(2);                //起始先保持 2 µs 高电平
    Data=0;
    DHT11_delay_ms(30);               //主机拉低 18 ms
    Data=1;
    DHT11_delay_us(30);               //主机拉高 30 µs
}
```

2）DHT11.h 的主程序代码如下。

```
uchar DHT11_rec_byte(){
#define uchar unsigned char
#define uint unsigned int
s bit Data=P3^3;                  //DHT11 的数据引脚
uchar rec_dat[4];
//µs 延时
void DHT11_delay_us(uchar n){
    while(--n);
}
//ms 延时
void DHT11_delay_ms(uint z){
    uint i,j;
    for(i=z;i>0;i--)
        for(j=110;j>0;j--);
}
//初始化数据时序
void DHT11_start()
{
    Data=1;
    DHT11_delay_us(2);                //起始先保持 2 µs 高电平
    Data=0;
    DHT11_delay_ms(30);               //主机拉低 18 ms
    Data=1;
    DHT11_delay_us(30);               //主机拉高 30 µs
}
```

```
uchar DHT11_rec_byte(){
    uchar i,dat=0;
    for(i=0;i<8;i++){
        while(!Data);                    //将 1 bit 开始的低电平过滤掉
        DHT11_delay_us(8);
        dat<<=1;                         //数据移位
        if(Data==1)                      //如果是高电平就为 1,否则 dat 移位后就为 0
            dat+=1;
        while(Data);                     //过滤多余的高电平
    }
    return dat;
}
//读取数据
void DHT11_receive()
{
    uchar R_H,R_L,T_H,T_L,RH,RL,TH,TL,revise;        //定义参数
    DHT11_start();                       //开始信号时序
    if(Data==0){                         //如果响应成功
        while(Data==0);                  //过滤响应低电平
        DHT11_delay_us(40);
        R_H=DHT11_rec_byte();            //采集数据
        R_L=DHT11_rec_byte();
        T_H=DHT11_rec_byte();
        T_L=DHT11_rec_byte();
        revise=DHT11_rec_byte();
        DHT11_delay_us(25);
        if((R_H+R_L+T_H+T_L)==revise)
        {
                RH=R_H;
                RL=R_L;
                TH=T_H;
                TL=T_L;
        }
    rec_dat[0]='0'+(RH/10);
        rec_dat[1]='0'+(RH%10);
//温度
        rec_dat[2]='0'+(TH/10);
        rec_dat[3]='0'+(TH%10);
```

```
    }
}
```

Ⅱ. Main.c 的主要代码

1）引脚定义及初始化的主要代码如下。

```
#include <reg52.h>
#include <WD_1602.h>
#include <DHT11.h>
#include <intrins.h>
#define uchar unsigned char
#define uint unsigned int
uchar wendu [4];
uchar shidu [4];
uchar i;
int j;
```

2）主函数的主要代码如下。

```
void main(){
    InitLcd1602();                      //初始化 LCD1602
    LcdShowStr(0, 1, " shidu:");               //显示字符
    LcdShowStr(1, 1, "wendu:");                //显示字符
    while(1)
    {
        DHT11_delay_ms(100);
        DHT11_receive();
        for(i = 0; i < 5; i++){
                if(i < 2){
                        shidu[i] = rec_dat[i];                //读取湿度
                }
                else{
                        wendu[i - 2] = rec_dat[i];                //读取温度
                }
        }
        test_BF();                     //判断 LCD1602 空闲
        LcdShowStr(0, 10, shidu);                //将读取的值显示
        LcdShowStr(0, 13, "%");
        LcdShowStr(1, 10, wendu);
        LcdShowStr(1, 12, " C");
```

```
    }
}
```

6.2.4　作品展示

完成温湿度检测系统实物如图 6.17 所示。

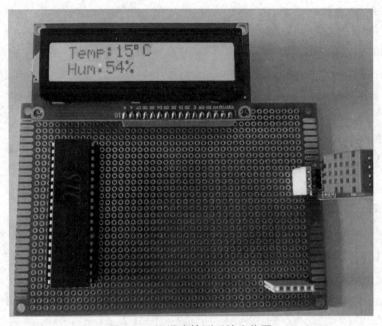

图 6.17　温湿度检测系统实物图

6.3　任务 3——酒精浓度监测系统

- 了解模数（A/D）转换的基本概念。
- 掌握 MQ-3 酒精传感器的工作原理。
- 掌握 PCF8591 模数转换器的工作原理。
- 使用酒精传感器和模数转换器制作酒精监测仪。

器件准备

序号	名称/型号	个数	Proteus 简称
1	STC89C52	1	ATC89C52
2	MQ3	1	—
3	PCF8591	1	—

序号	名称/型号	个数	Proteus 简称
4	LCD1602	1	—
5	蜂鸣器	1	—
6	按键	2	—

知识准备

6.3.1   A/D 模数转换的基本概念

单片机属于数字系统。数字系统,顾名思义只能对数字输入(digital)信号进行处理,并输出数字信号。但是在实践中,绝大部分数据都是模拟(analog)信号。为了实现数字系统对这些模拟信号的测量,运算和控制,就需要模拟信号和数字信号之间能够相互转化。A/D转换是将时间连续和幅值连续的模拟信号转换为时间离散、幅值也离散的数字信号。

A/D 转换依靠的是模数转换器(Analog to Digital Converter, ADC)。模拟信号是指变量在一定范围内连续变化的信号,即在一定范围(定义域)内可以取任意值(在值域内),如图6.18(a)所示;数字信号,也就是离散信号,则指分散开来的、不存在中间值的量,如图 6.18(b)所示。例如,一个开关的状态取值离散的,只能是开或者关,不存在中间的情况。但是音量旋钮的取值是连续的,在最大和最小之间有无数种取值。例如, 12%的音量 13%的音量,或者 12.5%的音量。

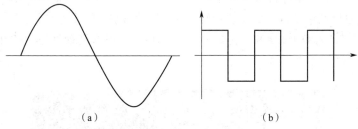

(a)   (b)

图 6.18   模拟信号和数字信号示意图

(a)模拟信号   (b)数字信号

6.3.2   A/D 的主要参数

(1)ADC 的位数

一个 n 位的 ADC 表示这个 ADC 共有 2 的 n 次方个刻度。例如, 8 位的 ADC,输出范围是从 0~255 一共 256 个数字信号,也就是 2 的 8 次方个数据刻度。

(2)基准电压源

ADC 的基准电压是 ADC 转换电路里用于确定目标测量电压的最高范围。因此,基准电压的选取对 ADC 转换的精度有所影响。例如,使用 5 V 作为基准电源压时,转换的数字信号则为 255。基准电压的调节在特定条件下可以提高转换精度。再如,输入电压范围为0~2.5 V,基准电源为 5 V,转换数字信号则为 0~128;如果把基准电源压定为 2.5 V,那么此时转换的数字信号则为 0~255,精度提高了一倍。

（3）分辨率

ADC 的分辨率被定义为输入信号值的最小变化。

（4）精度

在 ADC 的数据手册中,有两个很重要的指标跟精度有关。DNL 为微分非线性度; INL 为积分非线性度。精度表示 ADC 器件在所有的数值点上对应的模拟值和真实值之间误差最大的那一点的误差值,即输出数值偏离线性最大的距离,单位为 LSB。

（5）转换速率

转换速率是指完成一次从模拟信号到数字信号的 A/D 转换所需的时间的倒数。积分型 ADC 的转换时间为毫秒级,属于低速 ADC;逐次比较型 ADC 为微秒级,属于中速 ADC;全并行/串并行型 ADC 则为纳秒级。采样时间则是另外一个概念,是指两次转换的间隔。为了保证转换的正确完成,采样速率(sample rate)必须小于或等于转换速率,因此一般将转换速率在数值上等同于采样速率。采样速率常用单位是每秒采样千/百万次(kilo/Million Samples per Second, ksps 和 Msps)。

6.3.3　PCF8591 型 A/D 转换模块

（1）概述

PCF8591 是单片、单电源低功耗 8 位 CMOS 数据采集器件,具有 4 个模拟输入、1 个输出和 1 个串行 I²C 总线接口、3 个用于编程硬件地址地址引脚(A0、A1 和 A2),如图 6.19 和图 6.20 所示。PCF8591 允许将最多 8 个器件连接至 I²C 总线而不需要额外硬件。器件的地址、控制和数据通过两线双向 I²C 总线传输。器件功能包括多路复用模拟输入、片上跟踪和保持功能、8 位模数(A/D)转换和 8 位数模(D/A)转换。最大转换速率取决于 I²C 总线的最高速率。

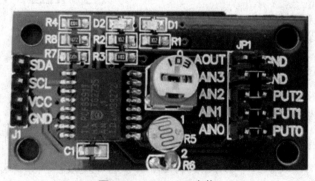

图 6.19　PCF8591 实物

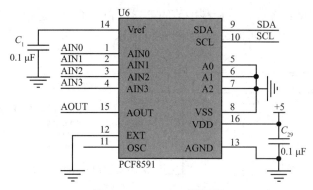

图 6.20　PCF8591 原理图

（2）PCF8591 引脚说明

1）AIN0~AIN3：模拟信号的 4 个输入端口。

2）A0~A2：I²C 总线的硬件地址。

3）VSS：数字地。

4）SDA、SCL：I²C 总线的数据线和时钟线。

5）EXT：接高电平表示用外部时钟输入，接低电平则用内部时钟。

6）OSC：外部时钟输入端，内部时钟输出端。

7）AGND：模拟地。

8）Vref：基准源。

9）AOUT：DAC 模拟输出。

10）VDD：供电电源 V_{cc}。

（3）PCF8591 的使用

1）PCF8591 的通信接口总线为 I²C 总线。单片机对 PCF8591 进行初始化，一共发送 3 个字节即可。第 1 个字节，和 EEPROM 类似，是器件地址字节，其中 7 位代表地址，1 位代表读写方向。地址高 4 位固定是 0b1001，在 I²C 总线协议中地址必须是起始条件后作为第一个字节发送。地址字节的最后一位是用于设置以后数据传输方向的读/写位，如图 6.21 所示。

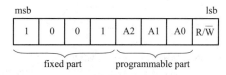

图 6.21　PCF8591 的地址字节

2）发送到 PCF8591 的第 2 个字节将被存储在控制寄存器中，用于控制 PCF8591 的功能。其中，第 3 位和第 7 位是固定的 0，控制字节的第 6 位是 DA 使能位，这一位置 1 表示 DA 输出引脚使能，会产生模拟电压输出功能。第 4 位和第 5 位可以实现 PCF8591 的 4 路模拟输入配置成单端模式和差分模式，控制字节的第 2 位是自动增量控制位。例如，当全部使用 4 个通道的时候，读完了通道 0，下一次再读，会自动进入通道 1 进行读取，不需要指定下一个通道,即自动增量控制位。控制字节的第 0 位和第 1 位是通道选择位,00、01、10、11 代表了从 0 到 3 的一共 4 个通道选择,如图 6.22 所示。

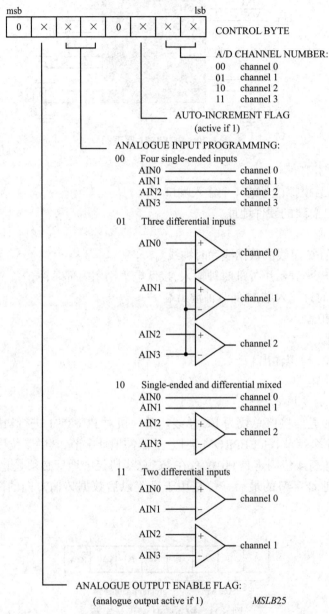

图 6.22   PCF8591 的控制字节

6.3.4   MQ–3 酒精浓度传感器

MQ-3 酒精传感器主要用于酒精检测,其使用的气敏材料是在清洁空气中电导率较低的二氧化锡(SnO_2)。当传感器所处环境中存在酒精蒸气时,传感器的电导率随空气中酒精气体浓度的增加而增大。使用简单的电路即可将电导率的变化转换为与该气体浓度相对应的输出信号。MQ-3 酒精传感器可以在 5 V 直流电压下工作,功耗约 800 mW,它可以检测 25 至 500 ppm(体积分数, 1 ppm =1 cm³/m³= 10^{-6})范围内的酒精浓度,如图 6.23 和图 6.24 所示。

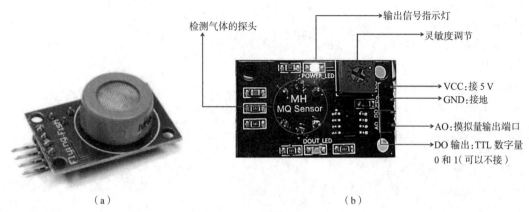

（a）　　　　　　　　　　　　　　　（b）

图 6.23　MQ-3 酒精浓度传感器

（a）正面　（b）背面

任务实施

6.3.5　电路设计和程序代码

（1）电路设计

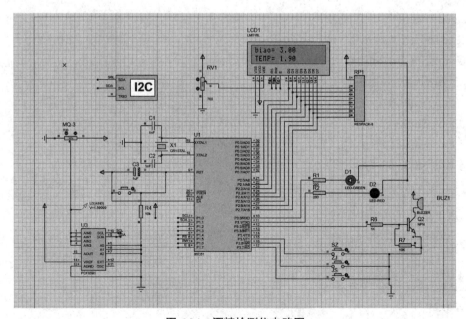

图 6.24　酒精检测仪电路图

（2）程序代码

1）引脚定义及初始化的程序代码如下。

```
//按键
s bit sz = P3^5;
s bit add = P3^6;
s bit reduce = P3^7;
//指示灯
s bit led_green = P3^0;
s bit led_red = P3^1;
//蜂鸣器
s bit beep=P3^2;
//酒精含量变量及报警值
unsigned int biaozhun=300;
//一位小数,电压显示
uchar Display_Buffer[4];
uchar Display_temp[4];
```

2）LCD1602 显示的程序代码如下。

```
void LcdStar()
{
    unsigned char temp[] = "biao=";
    unsigned char tab[]=" TEMP= ";
    InitLcd1602();/* 初始化 1602 液晶 */
    LcdShowStr(0, 0, temp);
    LcdShowStr(0, 6, "...");
    LcdShowStr(1, 0, tab);
    LcdShowStr(1, 6, "...");                //默认初始化温度00
    LcdShowStr(0, 10, "mol/L");
    LcdShowStr(1, 10, "mol/L");
}
```

3）PCF8591 的程序代码如下。

```
unsigned char GetADCValue(unsigned char chn)
{
    unsigned char val;
    I2cStart();
                    //寻址 PCF8591,若未应答,则停止操作并返回 0
    if(!I2cWriteByte(0x48<<1))
```

```
    {
        I2cStop();
        return 0;
    }
                        //写控制字节,选择转换通道
    I2cWriteByte(0x40 | chn);
    I2cStart();
//寻址 PCF8591,指定后续为读操作
    I2cWriteByte(0x48<<1 | 0x01);
                        //先空读一个字节,提供采样转换时间
    I2cReadByte(0);
                //读取刚刚转换的值
    val = I2cReadByte(1);
    I2cStop();
    return val;
    }
```

4)主函数的程序代码如下。

```
void main()
{
    uchar AD=0;
    uchar channel = 0;
    int Data=0;
    beep=0;
    InitLcd1602();                  //LCD 初始化
    LcdStar();
    while(1)
    {

                //获取 A/D 转换值 最大值 255 对应最高电压 5.00 V
                //显示三个数 使用 500
        AD=GetADCValue(0);
        Data=(AD*1.0*500/255);                  //d 需 Uint
                // 数据分解
        Display_temp[0]= Data /100+' 0';
        Display_temp[1] = '.';
        Display_temp[2] = Data /10%10+' 0';
        Display_temp[3] = Data %10+' 0';
```

```
LcdShowStr(1, 6,Display_temp);
if(add==0){
    delay_ms(20);
    if(add==0)
    {
        biaozhun++;
    }
}
else if(reduce==0){
    delay_ms(20);
    if(reduce==0)
    {
        biaozhun--;
    }
}
Display_temp[0]= biaozhun /100+'0';
Display_temp[1] = '.';
Display_temp[2] = biaozhun /10%10+'0';
Display_temp[3] = biaozhun%10+'0';
LcdShowStr(0, 6,Display_temp);
if(biaozhun>Data){
    led_green=0;
    led_red=1;
    beep=0;
}else if(biaozhun<Data){
    led_green=1;
    led_red=0;
    beep=~beep;
    }
  }
}
```

6.3.6　作品展示

完成的酒精检测仪实物如图 6.25 所示。

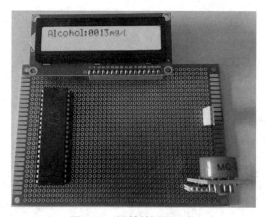

图 6.25　酒精检测仪实物

> **思政要点:** 由温湿度监测系统以及酒精浓度检测系统,扩展到居家生活中的其他各种监测系统,如烟雾报警系统、安防系统等,进一步讲解智慧家居的发展,让学生体会到科技强国的重要性,树立科技报国的理想。

6.4　项目实践——智能环境监测系统

6.4.1　电路设计

智能环境监测系统电路的仿真模拟图如图 6.26 所示。

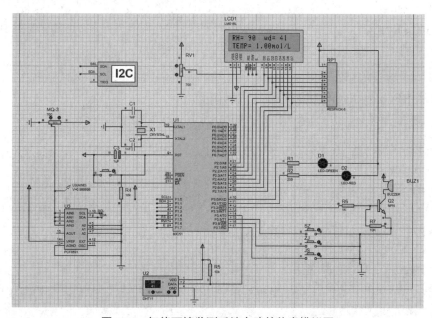

图 6.26　智能环境监测系统电路的仿真模拟图

6.4.2　程序代码

（1）LCD1602.h 的主要代码

1）引用头文件的程序代码如下。

```
#include <REGX52.H>
#include <intrins.h>
#include <string.h>
#include <stdlib.h>
#include <stdio.h>
```

2）宏定义的程序代码如下。

```
// RS 为寄存器选择,高电平时选择寄存器,低电平时选择指令寄存器
s bit RS = P1^5;
// RW 为读写信号线,高电平时进行读操作,低电平时进行写操作
s bit RW = P1^6;
// EN 为使能端,当 EN 端由高电平跳变成低电平时,液晶模块执行命令
s bit EN = P1^7;
```

3）延时函数的程序代码如下。

```
void delay_ms(int ms)
{
    while(ms--){
        int i = 100;
        while(i--){}
    }
}
```

4）检测 BF(busy flag)位状态的程序代码如下。

```
void test_BF()
{
    unsigned char sta;
    P2 = 0xFF;
    RS = 0;
    RW = 1;
    do{
        EN = 1;
        sta = P2;              //读取状态字
        EN = 0;
```

```
    }
// bit7 等于 1 表示液晶正忙, 重复检测直到其等于 0 为止
while(sta & 0x80);
    delay_ms(10);
}
```

　　5)写数据的程序代码如下。

```
void write_data(unsigned char data8)
{
    test_BF();
    EN = 0; RS = 1; RW = 0;
    P2 = data8;
    EN = 1; _nop_(); EN = 0;
}
```

　　6)写命令的程序代码如下。

```
void write_cmd(unsigned char cmd8)
{
    test_BF();
    EN = 0; RS = 0; RW = 0;
    P2 = cmd8;
    EN = 1; _nop_(); EN = 0;
}
```

　　7)写字符串的程序代码如下。

```
void LcdShowStr(int r, int c, char *str)
{
    int i=0;
    unsigned char Addressx[] = {0x80, 0xC0};
    unsigned char StartAdd = (Addressx[r] | c);              //按位或
    write_cmd(StartAdd);
    for(i = 0; i < 16; i++)
{
        if(str[i]==0) break;
        write_data(str[i]);
    }
// 如果不够 16 位, 用空格填充
    for(;i < 16; i++)
```

```
{
    write_data(' ');
  }
}
```

8）LCD 初始化的程序代码如下。

```
void InitLcd1602()
{
  write_cmd(0x38);
write_cmd(0x01);
write_cmd(0x06);
write_cmd(0x0 C);
}
```

（2）IIC.h 的主要代码

1）引用头文件的程序代码如下。

```
#include <reg52.h>
```

2）引脚定义的程序代码如下。

```
s bit SCL = P1^0;
s bit SDA = P1^1;
```

3）函数声明的程序代码如下。

```
void I2cStart();
void I2cStop();
 bit I2cWriteByte(unsigned char dat);
unsigned char I2cReadByte( bit ACK);
```

（3）IIC.c 的主要代码

1）引用头文件的程序代码如下。

```
#include" IIC.h"
#include <intrins.h>
```

2）宏定义的程序代码如下。

```
#define I2cDelay() {_nop_();_nop_();_nop_();_nop_();_nop_();}
```

3）起始信号的程序代码如下。

```
void I2cStart()
{
  SDA = 1;
```

```
    SCL = 1;
    I2cDelay();
    SDA = 0;                    //先拉低 SDA
    I2cDelay();
    SCL = 0;                    //再拉低 SCL
    I2cDelay();
}
```

4)终止信号的程序代码如下。

```
void I2cStop()
{
    SDA = 0;
    SCL = 0;
    I2cDelay();
    SCL = 1;                    //先拉高 SCL
    I2cDelay();
    SDA = 1;                    //再拉高 SDA
    I2cDelay();
}
```

5)利用 I²C 协议写数据的程序代码如下。

```
bit I2cWriteByte(unsigned char dat)
{
    unsigned char i = 0;
    bit ack;
//要发送 8 位,从最高位开始
    for(i = 0;i < 8;i++)
    {               //起始信号之后 SCL=0,所以可以直接改变 SDA 信号
        SDA = dat >> 7;
        dat = dat << 1;
        I2cDelay();
//拉高 SCL
        SCL = 1;
        I2cDelay();
//再拉低 SCL,完成一个位周期
        SCL = 0;
        I2cDelay();
    }
```

```
//8 位数据发送完以后主机释放 SDA,以检测从机应答
   SDA = 1;
   I2cDelay();
                     //拉高 SCL
   SCL = 1;
//读取此时的 SDA 值,即为从机的应答值
   ack = SDA;
   I2cDelay();
//再拉低 SCL 完成应答位,并保持住总线
   SCL = 0;
//应答位取反以符合逻辑习惯:0=不存在或忙或失败,1=存在且空闲或写入成功
   return ~ack;
}
```

6)读取一个字节的程序代码如下。

```
unsigned char I2cReadByte( bit ack)
{
   unsigned char i = 0,dat = 0;
                     //起始和发送一个字节之后 SCL 都是 0
SDA = 1;
   I2cDelay();
                     //从高位到地位接收 8 位
   for(i = 0;i < 8;i++)
   {
     SCL = 1;
     I2cDelay();
     dat <<= 1;
     dat |= SDA;
     I2cDelay();
     SCL = 0;
     I2cDelay();
   }
                     //8 位数据发送完以后,发送应答或非应答信号
   SDA = ack;
   I2cDelay();
                     //拉高 SCL
   SCL = 1;
   I2cDelay();
```

```
                          //再拉低 SCL 完成应答或非应答位,并保持住总线
  SCL = 0;
  return dat;
}
```

（4）PCF8591.h 的主要代码

```
//函数声明
unsigned char GetADCValue(unsigned char chn);
```

（5）PCF8591.c 的主要代码

1）引用头文件的程序代码如下。

```
#include "PCF8591.h"
#include "IIC.h"
```

2）A/D 转换的程序代码如下。

```
unsigned char GetADCValue(unsigned char chn)
{
  unsigned char val;
  I2cStart();
                    //寻址 PCF8591,若未应答,则停止操作并返回 0
  if(!I2cWriteByte(0x48<<1))
  {
    I2cStop();
    return 0;
  }
              //写控制字节,选择转换通道
  I2cWriteByte(0x40 | chn);
  I2cStart();
              //寻址 PCF8591,指定后续为读操作
  I2cWriteByte(0x48<<1 | 0x01);
              //先空读一个字节,提供采样转换时间
  I2cReadByte(0);
              //读取刚刚转换的值
  val = I2cReadByte(1);
  I2cStop();
  return val;
}
```

（6）DTH11.h 的主要代码

1）宏定义的程序代码如下。

```
#define uchar unsigned char
#define uint unsigned int
```

2）引脚定义的程序代码如下。

```
s bit Data=P3^4;
```

3）接收的数据的程序代码如下。

```
uchar rec_dat[9];
```

4）延时函数的程序代码如下。

```
void DHT11_delay_us(uchar n)
{
    while(--n);
}
void DHT11_delay_ms(uint z)
{
    uint i,j;
    for(i=z;i>0;i--)
        for(j=110;j>0;j--);
}
```

5）起始信号的程序代码如下。

```
void DHT11_start()
{
    Data=1;
    DHT11_delay_us(2);
    Data=0;
                //延时 18ms 以上
    DHT11_delay_ms(30);
    Data=1;
    DHT11_delay_us(30);
}
```

6）接收一个字节的程序代码如下。

```
uchar DHT11_rec_byte()
{
```

```c
unsigned char i,dat=0;
                    //从高到低依次接收 8 位数据
  for(i=0;i<8;i++)
  {
                        //等待 50us 低电平过去
        while(!Data);
                        //延时 60us,如果还为高则数据为 1,否则为 0
        DHT11_delay_us(8);
//移位使正确接收 8 位数据,数据为 0 时直接移位
dat<<=1;
//数据为 1 时,使 dat 加 1 来接收数据 1
        if(Data==1)
        dat+=1;
                        //等待数据线拉低
        while(Data);
  }

        return dat;
}
```

7)接收 40 位数据的程序代码如下。

```c
void DHT11_receive()
{
    uchar R_H,R_L,T_H,T_L,RH,RL,TH,TL,revise;
    DHT11_start();
    if(Data==0)
    {
        while(Data==0);                 //等待拉高
        DHT11_delay_us(40);             //拉高后延时 80 μs

        R_H=DHT11_rec_byte();           //接收湿度高 8 位
        R_L=DHT11_rec_byte();           //接收湿度低 8 位
        T_H=DHT11_rec_byte();           //接收温度高 8 位
        T_L=DHT11_rec_byte();           //接收温度低 8 位
        revise=DHT11_rec_byte();        //接收校正位
        DHT11_delay_us(25);             //结束
                //最后一字节为校验位,校验是否正确
        if((R_H+R_L+T_H+T_L)==revise)
        {
```

```
                    RH=R_H;
                    RL=R_L;
                    TH=T_H;
                    TL=T_L;
            }
    /*数据处理,转换为字符,方便显示*/
                        //湿度
        rec_dat[0]='0'+(RH/10);
            rec_dat[1]='0'+(RH%10);
        rec_dat[2]='';
        rec_dat[3]='';
                        //温度
            rec_dat[4]='0'+(TH/10);
            rec_dat[5]='0'+(TH%10);
            rec_dat[6]='';
        }
}
```

（6）main.c 的主要代码

1）引用头文件的程序代码如下。

```
#i#include <reg52.h>
#include <intrins.h>
#include <string.h>
#include <stdlib.h>
#include <stdio.h>
#include <DTH11.h>
#include <LCD1602.h>
```

2）宏定义的程序代码如下。

```
#define uchar unsigned char
#define uint unsigned int
```

3）函数声明的程序代码如下。

```
extern void delay_ms(int ms);
extern void InitLcd1602();
extern void write_cmd(unsigned char cmd8);
extern void LcdShowStr(int r, int c, char *str);
extern void write_data(unsigned char data8);
```

```
extern unsigned char GetADCValue(unsigned char chn);
```

4）引脚定义的程序代码如下。

```
//按键
s bit sz = P3^5;
s bit add = P3^6;
s bit reduce = P3^7;
s bit led_green = P3^0;
s bit led_red = P3^1;
//蜂鸣器
s bit beep=P3^2;
// 初始报警值
unsigned int biaozhun=300;


//一位小数,电压显示
uchar Display_temp[4];
```

5）LCD 显示初始化函数的程序代码如下。

```
void LcdStar()
{
    unsigned char RH[] = "RH=";
    unsigned char wd[] = "wd=";
    unsigned char tab[]=" TEMP=";
                //初始化 LCD1602
    InitLcd1602();
    LcdShowStr(0, 0, RH);
    LcdShowStr(0, 4, "...");
    LcdShowStr(0, 8, wd);
    LcdShowStr(0, 12, "...");
    LcdShowStr(1, 0, tab);
//默认初始化温度 00
    LcdShowStr(1, 6, "...");
    LcdShowStr(0, 10, "mol/L");
    LcdShowStr(1, 10, "mol/L");
}
uchar i;
uchar wendu [4];
uchar sidu [4];
```

6）主函数的程序代码如下。

```c
void main()
{
    uchar AD=0;
    uchar channel = 0;
    int Data=0;
    beep=0;
    InitLcd1602();                      //LCD 初始化
    LcdStar();
    while(1)
    {
                        //获取 A/D 转换值最大值 255 对应最高电压 5.00 V
                        //显示三个数使用 500
        AD=GetADCValue(0);
        Data=(AD*1.0*500/255);
                        // 数据分解
        Display_temp[0]= Data/100+' 0';
        Display_temp[1] = '.';
        Display_temp[2] = Data /10%10+' 0';
        Display_temp[3] = Data %10+' 0';
        LcdShowStr(1, 6,Display_temp);
                        //读取温湿度
        DHT11_delay_ms(100);
        DHT11_receive();
        for(i=0;i<7;i++)
        {
            if(i<=2)
            {
                sidu[i]= rec_dat[i];             //读取湿度
            }
            else
            {
                wendu[i-4] = rec_dat[i];
            }
        }
        LcdShowStr(0, 4,sidu);
            LcdShowStr(0, 12,wendu);
```

```
    }
}
```

6.4.3　作品展示

完成的智能环境监测系统的实物如图 6.27 所示。

图 6.27　智能环境监测系统实物

6.5　本章小结

LCD1602 是初学者较早接触的字符型液晶模块。内部控制器大部分为 HD44780,能够显示英文字母、阿拉伯数字、日文片假名和一般性符号。使用 LCD1602 应关注显示位置和显示内容两个关键点。

DHT11 温湿度传感器应用专用的数字模块采集技术和温湿度传感技术,产品具有极高的可靠性与稳定性。与单片机之间通信采用单总线数据格式,一次数据传输是 5 byte(40 bit),按照高位在前、低位在后的顺序传输。

PCF8591 是单片、单电源低功耗 8 位 CMOS 数据采集器件,具有 4 个模拟输入、1 个输出和 1 个串行 I²C 总线接口。

MQ-3 酒精传感器主要用于酒精检测,其原理是将探测到的酒精浓度转换成有用电信号的器件,并根据这些电信号的强弱就可以获得与待测气体在环境中的存在情况有关的信息。

第 7 章　进阶项目

7.1　任务 1——八人抢答器

任务目标

8 个按键分别编号为 1、2、3、4、5、6、7、8,数码管的初始显示为"0"。当按下其中一个按键后,数码管显示对应按键的编号,蜂鸣器报警,同时使其他按键失能;当按下复位按键后,数码管重新显示"0",同时恢复所有按键的功能;再次有按键被按下时,蜂鸣器再次报警,同时使被按下的按键之外的按键失能,数码管显示对应按键的编号。

器件准备

序号	名称/型号	个数	Proteus 简称
1	STC89C52RC	1	AT89C52
2	共阳极数码管	1	7SEG-MPX2-CA
3	按键	10	BUTTON
4	30 pF	2	CAP
5	12 MHz	1	CRYSTAL

任务实施

7.1.1　电路设计

八人抢答器电路设计仿真如图 7.1 所示。

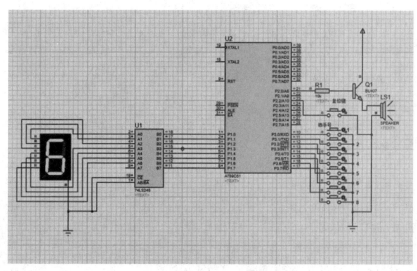

图 7.1　八人抢答器电路设计仿真图

7.1.2　程序代码

```
#include<reg51.h>
#define uchar unsigned char
#define uint unsigned int
uchar code1[9]={0x3f,0x06,0x5b,0x4f,0x66,0x6 d,0x7 d,0x07,0x7f};
s bit key1=P3^0;
s bit key2=P3^1;
s bit key3=P3^2;
s bit key4=P3^3;
s bit key5=P3^4;
s bit key6=P3^5;
s bit key7=P3^6;
s bit key8=P3^7;
s bit keep=P2^0;
s bit key9=P2^2;
void delay(uint t)                    //延时程序
{
 uint j;
 for(;t>0;t--)
 for(j=121;j>0;j--);
}
void display(uchar i)                   //数码管显示
```

```
{
switch(i)
{
  case 0:P1=code1[0];break;
  case 1:P1=code1[1];break;
  case 2:P1=code1[2];break;
  case 3:P1=code1[3];break;
  case 4:P1=code1[4];break;
  case 5:P1=code1[5];break;
  case 6:P1=code1[6];break;
  case 7:P1=code1[7];break;
  case 8:P1=code1[8];break;
  default:break;
}
}

void key()                    //键盘扫描,判断哪个按键被按下
{
uchar n;
  n=0;
  display(n);
    keep=1;
  if(key1==0)
  {
    delay(5);
    if(key1==0)
      {
        n=1;
        display(n);
      while(1)
      {
      keep=0;                    //开启蜂鸣器
      delay(500);
      keep=1;
      delay(500);
       if(key9==0)
       {
       delay(5);
```

```
    if(key9==0)
    {
        keep=1;
        n=0;
                            display(n);
      while(1)return;
    }
    while(!key9);
      delay(5);
    while(1);
    }
    }
    }
    while(!key1);
    delay(5);

}
if(key2==0)
{
    delay(5);
    if(key2==0)
    {
        n=2;
        display(n);
        while(1)
        {
        keep=0;                             //开启蜂鸣器
        delay(500);
        keep=1;
        delay(500);
          if(key9==0)
        {
        delay(5);
        if(key9==0)
        {
            keep=1;
            n=0;
                        display(n);
```

```c
          while(1)return;
        }
          while(!key9);
            delay(5);
          while(1);
        }
      }
    }
      while(!key2);
      delay(5);
}
if(key3==0)
{
    delay(5);
    if(key3==0)
    {
        n=3;
        display(n);
          while(1)
    {
    keep=0;                     //开启蜂鸣器
    delay(500);
    keep=1;
    delay(500);
     if(key9==0)
    {
     delay(5);
    if(key9==0)
    {
        keep=1;
        n=0;
                        display(n);
      while(1)return;
    }
    while(!key9);
      delay(5);
    while(1);
    }
```

```
            }
        }
        while(!key3);
        delay(5);
    }
    if(key4==0)
    {
        delay(5);
        if(key4==0)
        {
            n=4;
            display(n);
            while(1)
            {
            keep=0;                    //开启蜂鸣器
            delay(500);
            keep=1;
            delay(500);
             if(key9==0)
            {
            delay(5);
            if(key9==0)
            {
                keep=1;
                n=0;
                            display(n);
                while(1)return;
            }
            while(!key9);
                delay(5);
            while(1);
            }
            }
        }
        while(!key4);
        delay(5);
    }
    if(key5==0)
```

```
{
    delay(5);
    if(key5==0)
    {
       n=5;
       display(n);
       while(1)
    {
    keep=0;                        //开启蜂鸣器
    delay(500);
    keep=1;
    delay(500);
     if(key9==0)
    {
     delay(5);
     if(key9==0)
     {
         keep=1;
         n=0;
                        display(n);
       while(1)return;
     }
     while(!key9);
        delay(5);
     while(1);
     }
    }
    }
    while(!key5);
       delay(5);
   }
   if(key6==0)
   {
       delay(5);
       if(key6==0)
       {
          n=6;
          display(n);
```

```
        while(1)
      {
      keep=0;                          //开启蜂鸣器
      delay(500);
      keep=1;
      delay(500);
       if(key9==0)
      {
       delay(5);
       if(key9==0)
       {
          keep=1;
          n=0;
                        display(n);
        while(1)return;
       }
        while(!key9);
          delay(5);
        while(1);
       }
       }
       }
      while(!key6);
      delay(5);
  }
   if(key7==0)
  {
      delay(5);
      if(key7==0)
      {
         n=7;
         display(n);
         while(1)
      {
      keep=0;                          //开启蜂鸣器
      delay(500);
      keep=1;
      delay(500);
```

```
        if(key9==0)
        {
        delay(5);
        if(key9==0)
        {
            keep=1;
            n=0;
                        display(n);
          while(1)return;
        }
        while(!key9);
          delay(5);
        while(1);
        }
        }
        }
    while(!key7);
    delay(5);
}
if(key8==0)
{
    delay(5);
    if(key8==0)
    {
        n=8;
        display(n);
        while(1)
    {
    keep=0;                    //开启蜂鸣器
    delay(500);
    keep=1;
    delay(500);
     if(key9==0)
     {
    delay(5);
    if(key9==0)
    {
        keep=1;
```

```
                    n=0;
                            display(n);
            while(1)return;
        }
        while(!key9);
          delay(5);
        while(1);
        }
        }
        }
        while(!key8);
        delay(5);
    }
}
void main()
{
    while(1)
    {
        key();
    }
}
```

7.1.3　作品展示

八人抢答器电路的实物如图 7.2 所示。

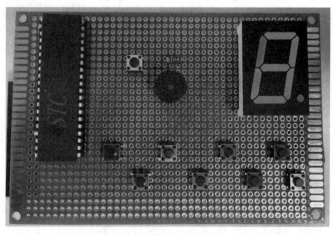

图 7.2　八人抢答器电路实物

7.2　任务 2——智能密码锁

任务目标

　　向矩阵键盘输入 6 位密码，6 位数码管同时显示所输入的密码。如果输入的密码正确，执行器（舵机）转动 180°，将锁打开，同时 6 位数码管显示的数字清零；经一定时间后，舵机回到原位。如果密码错误，舵机不动作，6 位数码管显示的数字清零。

器件准备

序号	名称/型号	个数	Proteus 简称
1	STC89C52RC	1	AT89C52
2	共阳极数码管	1	7SEG-MPX6-CA
3	按键	17	BUTTON
4	30 pF	2	CAP
5	12 MHz	1	CRYSTAL
6	SG90	1	MOTOR-PWMSERVO

任务实施

7.2.1　电路设计

　　智能密码锁电路设计仿真如图 7.3 所示。

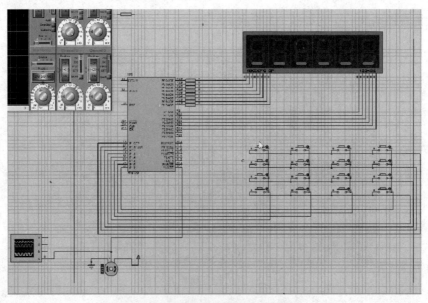

图 7.3　智能密码锁电路设计仿真图

7.2.2 程序代码

```c
#include <reg52.h>
unsigned      char      ledchar[12]={0xC0,0xF9,0xA4,0xB0,0x99,0x92,0x82,0xF8,0x80,0x90,
0xF7,0xBF};                    //0~9,待输入,输入正确,6 位数码管进行显示
s bit P1_0=P1^0;                    //矩阵键盘
s bit P1_1=P1^1;
s bit P1_2=P1^2;
s bit P1_3=P1^3;
s bit P1_4=P1^4;
s bit P1_5=P1^5;
s bit P1_6=P1^6;
s bit P1_7=P1^7;
s bit P2_0=P2^0;                    //6 位数码管的定义口
s bit P2_1=P2^1;
s bit P2_2=P2^2;
s bit P2_3=P2^3;
s bit P2_4=P2^4;
s bit P2_5=P2^5;
int NO[7]={0,10,10,10,10,10,10};              //数码管初始显示(待输入)
int number=10;
int LOCK[7]={0,4,4,4,4,4,4};                  //设置密码
s bit PWM=P3^7;                    //舵机的控制口
int a=0;                  //计数器变量
void delay(int K)                 //延时函数
{
    int i=0,j=0;
    for(i=0;i<K;i++)
        for(j=0;j<10;j++);
}

void TIM0init()
{
    TMOD=0x10;
    TH1=0xFF;                    //10 ns
    TL1=0XF6;
    EA=1;
```

```
        ET1=1;
        TR1=1;
}
void t0Intr()interrupt 3{
        TH1=0xFF;
        TL1=0XF6;
    a++;

}
//矩阵键盘
void scanf(){
        P1=0XF0;
                        //
        P1_0=0;
        if(P1_4==0){
          delay(90);
          if(P1_4==0){
            number=1;

          }
        }
          if(P1_5==0){
          delay(90);
          if(P1_5==0){
              number=2;

          }
        }
                    if(P1_6==0){
          delay(90);
          if(P1_6==0){
          number=3;

          }
        }
          if(P1_7==0){
          delay(90);
          if(P1_1==0){
```

```
                number=4;

           }
     }
        P1_0=1;
                          //
                          //
      P1_1=0;
     if(P1_4==0){
        delay(90);
        if(P1_4==0){
          number=5;

        }
     }
        if(P1_5==0){
        delay(90);
        if(P1_5==0){
            number=6;

        }
     }
                  if(P1_6==0){
        delay(90);
        if(P1_6==0){
        number=7;

        }
     }
        if(P1_7==0){
        delay(90);
        if(P1_7==0){
        number=8;

        }
     }
        P1_1=1;
                     //
```

```
                    //
 P1_2=0;
if(P1_4==0){
    delay(90);
    if(P1_4==0){
    number=9;

        }
    }
    if(P1_5==0){
    delay(90);
    if(P1_5==0){
        number=0;

        }
    }
            if(P1_6==0){
    delay(90);
    if(P1_6==0){
    number=0;

        }
    }
    if(P1_7==0){
    delay(90);
    if(P1_7==0){
    number=0;

        }
    }
    P1_2=1;
                    //
                    //
 P1_3=0;
if(P1_4==0){
    delay(90);
    if(P1_4==0){
    number=0;
```

```
        }
    }
    if(P1_5==0){
    delay(90);
    if(P1_5==0){
        number=0;

    }
    }
                if(P1_6==0){
    delay(90);
    if(P1_6==0){
    number=0;

    }
    }
    if(P1_7==0){
    delay(90);
    if(P1_7==0){
    number=0;

    }
    }
    P1_3=1;
                    //
}
//舵机驱动
void duoji(int b){
/*                              以下数据根据本人亲自实验所得！
                                    b=5;
//0°
                                        b=45;
//45°
    b=69;                    //90°
    b=90;                    //135°
    b=125;                      //180° */
                int i;
```

```
for(i=0;i<150;i++){
delay(3);
if(b!=0){
a=0;
TIM0init();
PWM=1;
    while(a<b);
PWM=0;
}
delay(2);                    //主程序

}
}

void show(int j){            //数码管显示的函数

int i;P2=0X00;
                    for(i=0;i<j;i++){
//六位数码管
    P2_0=1;
    P0=ledchar[NO[1]];
    delay(90);
    P2_0=0;

    P2_1=1;
    P0=ledchar[NO[2]];
    delay(90);
    P2_1=0;

    P2_2=1;
    P0=ledchar[NO[3]];
    delay(90);
    P2_2=0;

    P2_3=1;
    P0=ledchar[NO[4]];
    delay(90);
    P2_3=0;
```

```
        P2_4=1;
        P0=ledchar[NO[5]];
        delay(90);
        P2_4=0;

        P2_5=1;
        P0=ledchar[NO[6]];
        delay(90);
        P2_5=0;
        /*
//一位数码管

        P2=0X01;
        P0=ledchar[number];
        delay(200);
        */

    }
}

main(){
    while(1){
                int i,k=0;
        P1=0xf0;
        if(P1!=0xf0){                //监测是否按键
        delay(90);
        if(P1!=0xf0){
            if(NO[6]==10){           //第 6 位是否已经输入,已经输入就不能改变 NO 的值
            scanf();
                for(i=1;k!=1;i++){
                    if((NO[i])==10){
                            NO[i]=number;
                        k=1;
                    }
                }
                show(8);             //防止短时间长按,长时间长按就默认输入两位相同的
数于两位相连的密码
```

```
            }
        }
    }
    show(1);                    //未按键就显示已经输入的密码
    if(NO[6]!=10){                        //若第六位已经输入则检测,输入六位密码的正确性
        int j=0;
        for(i=1;i<7;i++){
            if((NO[i])==(LOCK[i])){                    //检测到一位数字正确,则+1,六位
全正确,则密码正确
            j=j+1;
            }
        }
        if(j==6){
                    //密码正确
            NO[1]=11;  NO[2]=11;  NO[3]=11;  NO[4]=11;  NO[5]=11;
NO[6]=11;
            while(1){
            show(15);

                    duoji(125);        //125,让舵机转动 180°
EA=0;

                    a=0;

                    delay(500);

            duoji(5);                //让舵机复原

                    while(1);
            //<在此处添加"完成","提交",标签>
        }
            }
        else{                //密码错误回到初始状态
            NO[1]=10;  NO[2]=10;  NO[3]=10;  NO[4]=10;  NO[5]=10;
NO[6]=10;

            }
    }
```

```
    }
}
```

7.2.3　作品展示

图 7.4　智能密码锁电路实物

7.3　任务 3——超声波测距仪

任务目标

　　超声波模块发送超声波,声波遇到障碍物返回,结合从发送声波到接受声波的时间、声音传播速度计算超声波模块与障碍物之间的距离,然后将距离数值显示在数码管上。

器件准备

序号	名称/型号	个数	Proteus 简称
1	STC89C52RC	1	AT89C52
2	共阳极数码管	1	7SEG-MPX2-CA
3	HC-05	1	—
4	30 pF	2	CAP
5	12 MHz	1	CRYSTAL

任务实施

7.3.1　电路设计

超声波测距仪电路设计仿真如图 7.1 所示。

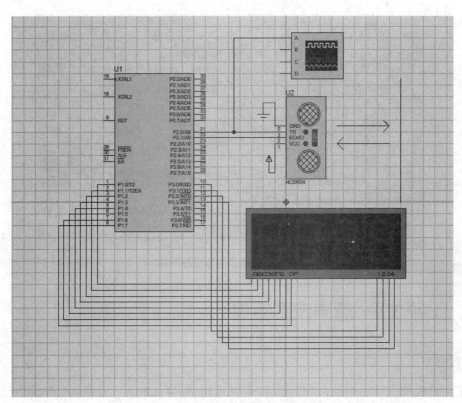

图 7.5　超声波测距仪电路设计仿真图

7.3.2　程序代码

（1）超声波设置
超声波设置的程序代码如下。

```c
#include <reg52.h>
#include <intrins.h>
s bit Trig=P2^0;                //超声波发出触发引脚
//10 个机械周期,延迟 10 μm;
void delay_10um(){
_nop_();_nop_();_nop_();_nop_();_nop_();
_nop_();_nop_();_nop_();_nop_();_nop_();
}
```

```
main(){
    Trig=0;
    while(1){
    Trig=1;
    delay_10um();                    //生成至少 10 μm 的高电平脉冲,触发装置生效
    Trig=0;
    delay_10um();
    delay_10um();
    }
}
```

（2）数码管显示

数码管显示的程序代码如下。

```
//数码管显示距离
void show_s(){
    int h;
    if((S<=200)||(S>45000)){              //测量值超出仪器规定使用范围
    P3=0xff;
    P1=0xBF;delay(2000);
    }
    else{
    h=S/1000;              //计算分米数
    S_dm=1;
    P1=ledchar[h];delay(200);                //开启,赋值,显示,延迟,关闭
    S_dm=0;
    h=(S%1000)/100;              //计算分米数
    S_cm=1;
    P1=led[h];delay(200);
    S_cm=0;
    h=(S%100)/10;              //计算毫米数
    S_mm=1;
    P1=ledchar[h];delay(200);
    S_mm=0;
    h=S%10;              //计算纳米数
    S_um=1;
    P1=ledchar[h];delay(200);
    S_um=0;
    }
```

```
}
```

（3）代码优化

实验中由于不可避免地存在各种误差和意外,每次所取得的数据可能不一致。因此,在控制程序中,设置了取 5 次测量平均值的代码,将平均值作为测量结果输出。这样可减少误差。相关代码如下。

```
//对所得计数量进行处理,转化为时间 void time(){
    if(index<5){
    S=S+TL0*1.72;                      //计算距离
        index++;
        }
    else if(index==5){
        S=S/5;
        index++;
    }
    else{
        index=0;
        S=0;
    }
}
```

7.3.3　作品展示

图 7.6　超声波测距仪电路实物

7.4　任务 4——菠萝手机

　　基于 STC89C52 单片机实现手机接听拨打电话的功能。使用 LCD12864 显示屏显示，SIM800C 通信模块实现通话功能，矩阵键盘实现拨号、接听、挂断功能。该项目较为复杂，因此将项目分解为 3 个实验：LCD12864 显示实验、矩阵键盘及按键显示实验和 SIM800C 通信模块通信实验。3 个实验共同构成菠萝手机。菠萝手机的功能流程如图 7.7 所示。

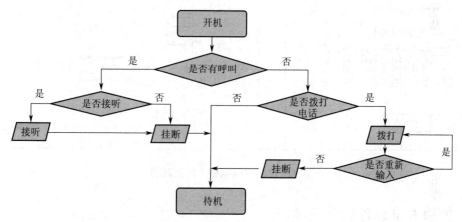

图 7.7　菠萝手机的功能流程

序号	名称/型号	个数	Proteus 简称
1	STC89C52RC	1	AT89C52
2	SIM800C 通信模块	1	—
3	显示屏	1	LCD12864
4	按键	16	BUTTON
5	30 pF	2	CAP
6	11.0592 MHz 晶振	1	CRYSTAL

7.4.1　电路设计

　　菠萝手机电路设计仿真如图 7.8 所示。

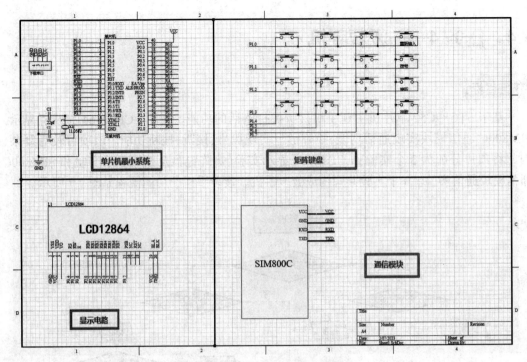

图 7.8 菠萝手机电路设计仿真图

7.4.2 使用 Keil 软件建立工程

1）双击 Keil 图标，打开 Keil 软件。

2）在打开的 Keil 主界面中单击【 Project 】选项，点击第一个选项开始新建工程。

3）在弹出的对话框中选择好工程的存储路径和工程名称，点击保存即可（注意：存储路径和工程名称中都不能含有中文字符）。

4）选择所使用的单片机型号 STC89C52RC，点击【 OK 】，之后会出现一个提示，该提示询问是否生成一个 51 系列单片机的启动文件，点【 否 】即可，生成编写代码文件。

5）保存文件（注意：存储路径和工程名称中都不能含有中文字符）。

7.4.3 程序代码

（1）LCD12864 显示实验

Ⅰ.引用头文件

引用头文件的程序代码如图 7.9 所示。

```
1  #include <reg52.h>
2  #include <intrins.h>
3
4  sbit LCD12864_RS  = P1^0;     // 指令/数据选择信号:1为数据,0为指令
5  sbit LCD12864_RW  = P1^1;     // 读写选择信号:1为读,0为写
6  sbit LCD12864_EN  = P1^2;     // 使能信号,1为数据有效
7  sbit LCD12864_RST = P1^3;     // 复位信号,低电平有效
8
9  #define LCD12864_DATA   P2;    // 数据输入/输出
10
```

图 7.9 引用头文件程序代码

Ⅱ. 引脚定义

引脚定义的程序代码如图 7.10 所示。（注：引脚定义非固定，可根据实际情况自行选择引脚）

```
 1  #include <reg52.h>
 2  #include <intrins.h>
 3
 4  sbit LCD12864_RS  = P1^0;        // 并行的指令/数据选择信号:1为数据,0为指令
 5  sbit LCD12864_RW  = P1^1;        // 并行的读写选择信号:1为读,0为写
 6  sbit LCD12864_EN  = P1^2;        // 使能信号,1为数据有效
 7  sbit LCD12864_RST = P1^3;        // 复位信号,低电平有效
 8
 9  #define LCD12864_DATA    P2;      // 数据输入/输出
10
```

图 7.10　定义引脚功能程序代码

Ⅲ. 设置 1 μs 延时

双击 STC-ISP 图标，打开 STC-ISP 软件，点击界面右上角的小箭头，直到出现深色方框内的软件延时计算器，如图 7.11 所示。本实验使用 11.0592 MHz 的晶振，因此在【系统频率】中选择"11.0592"MHz，在【定时长度】中选择"1""毫秒"，可自动生成 1 ms 的延时函数代码，如图 7.11 中的方框所示。

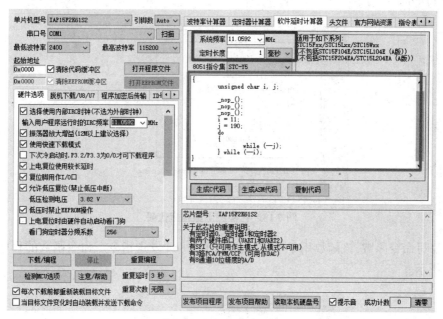

图 7.11　生成延时函数

Ⅳ. 将延时函数代码复制到程序代码中

延时函数的程序代码如图 7.12 所示。

```
 7  sbit LCD12864_RST = P1^3;              // 复位信号,低电平有效
 8
 9  #define LCD12864_DATA    P2;            // 数据输入/输出
10
11  //延时函数(使用11.0592MHz晶振、延时1ms)
12  void Delay1ms()
13  {
14      unsigned char i, j;
15
16      _nop_();
17      _nop_();
18      _nop_();
19      i = 11;
20      j = 190;
21      do
22      {
23          while (--j);
24      } while (--i);
25  }
26
27  //忙检测
28  unsigned char lcd12864_check_busy()
```

图 7.12　延时函数程序代码

Ⅴ. 编写 LCD12864 显示代码

1)编写忙检测函数,该函数用于判断 LCD12864 是否忙碌,当单片机向 LCD12864 发送命令或数据时,需要询问 LCD12864 是否处于忙碌状态。当 LCD12864 处于忙碌状态时,单片机需要等待,直到 LCD12864 空闲时才会执行单片机的任务。忙检测函数的程序代码如图 7.13 所示。

```
25  }
26
27  //忙检测
28  unsigned char lcd12864_check_busy()
29  {
30      unsigned char temp1;
31      P2 = 0xff;
32      LCD12864_RS = 0;
33      LCD12864_RW = 1;
34      LCD12864_EN = 1;
35      Delay1ms();
36      temp1 = P2;
37      LCD12864_EN = 0;
38      return temp1 & 0x80;
39  }
40
41  //写命令
42  void lcd12864_write_command(unsigned char cmd)
43  {
44      while(lcd12864_check_busy());
45      LCD12864_RS = 0;
```

图 7.13　忙检测函数程序代码

2)编写命令函数,该函数用于单片机向 LCD12864 发送指令。命令函数的程序代码如图 7.14 所示。

```
37      LCD12864_EN = 0;
38      return temp1 & 0x80;
39  }
40
41  //写命令
42  void lcd12864_write_command(unsigned char cmd)
43  {
44      while(lcd12864_check_busy());
45      LCD12864_RS = 0;
46      LCD12864_RW = 0;
47      LCD12864_EN = 1;
48      Delay1ms();
49      P2 = cmd;
50      LCD12864_EN = 0;
51  }
52
53  //写数据
54  void lcd12864_write_data(unsigned char dat)
55  {
56      while(lcd12864_check_busy());
57      LCD12864_RS = 0;
```

图 7.14　命令函数程序代码

3）编写写数据函数，该函数用于单片机向 LCD12864 发送显示的数据。LCD12864 的功能选择代码如图 7.15 所示。写数据函数的程序代码如图 7.16 所示。

调用写命令函数:

指令	指令码									功能	延时
	RS	RW	DB7	DB6	DB5	DB4	DB3	DB2	DB1	DB0		
0x01	0	0	0	0	0	0	0	0	0	1	待命模式: 清DDRAM, 清除缓存指令	1ms
0x02	0	0	0	0	0	0	0	0	1	0	地址归位	1ms
0x0C	0	0	0	0	0	0	1	1	0	0	显示状态开关: 整体显示开, 游标显示关, 游标位置关闭	1ms
0x80	0	0	1	0	0	0	0	0	0	0	设定DDRAM位址到位址计数器(AC)	1ms
0x34	0	0	0	0	1	1	0	1	0	0	扩充指令集: RE = 1; 绘图	1ms
0x30	0	0	0	0	1	1	0	0	0	0	基本指令集: RE = 0;	1ms

图 7.15　LCD12864 功能选择代码

```
49        P2 = cmd;
50        LCD12864_EN = 0;
51    }
52
53    //写数据
54    void lcd12864_write_data(unsigned char dat)
55    {
56        while(lcd12864_check_busy());
57        LCD12864_RS = 1;
58        LCD12864_RW = 0;
59        LCD12864_EN = 1;
60        Delay1ms();
61        P2 = dat;
62        LCD12864_EN = 0;
63    }
64
65    //LCD12864初始化
66    void lcd12864_init()
67    {
68        LCD12864_RST = 1;
69        LCD12864_RST = 0;
```

图 7.16　写数据函数程序代码

4）编写初始化函数，该函数用于对 LCD12864 进行初始化。初始化函数的程序代码如图 7.17 所示。

```
64
65    //LCD12864初始化
66    void lcd12864_init()
67    {
68        LCD12864_RST = 1;
69        LCD12864_RST = 0;
70        Delay1ms();
71        lcd12864_write_command(0x01);
72        Delay1ms();
73        lcd12864_write_command(0x02);
74        Delay1ms();
75        lcd12864_write_command(0x0C);
76        Delay1ms();
77        lcd12864_write_command(0x80);
78        Delay1ms();
79        lcd12864_write_command(0x34);
80        Delay1ms();
81        lcd12864_write_command(0x30);
82        Delay1ms();
83    }
84
```

图 7.17　初始化函数程序代码

5）编写显示位置函数，相关程序代码如图 7.18 所示。

```c
//显示位置
void lcd12864_display_pos(unsigned char X, unsigned char Y)
{
    unsigned char addr;
    if(Y == 0)
    {
        addr = 0x80;
    }

    if(Y == 1)
    {
        addr = 0x90;
    }

    if(Y == 2)
    {
        addr = 0x88;
    }

    if(Y == 3)
    {
        addr = 0x98;
    }

    addr = addr + X;
    lcd12864_write_command(addr);
}
```

图 7.18　显示位置函数程序代码

6）编写显示一个字符函数,相关程序代码如图 7.19 所示。

```c
//显示一个字符
void lcd12864_show_char(unsigned char X, unsigned char Y, char sig)
{
    lcd12864_display_pos(X, Y);
    lcd12864_write_data(sig);
}
```

图 7.19　显示一个字符函数程序代码

7）编写显示一个字符串函数,相关程序代码如图 7.20 所示。

```c
115 void lcd12864_show_char(unsigned char X, unsigned char Y, char sig)
116 {
117     lcd12864_display_pos(X, Y);
118     lcd12864_write_data(sig);
119 }
120
121 //显示一个字符串
122 void lcd12864_show_string(unsigned char X, unsigned char Y, char string[])
123 {
124     lcd12864_display_pos(X, Y);
125     while(*string != "\0")
126     {
127         lcd12864_write_data(*string++);
128     }
129 }
130
131 //这个函数的内容就是lcd12864在屏幕上显示的所有内容
132 void lcd12864_show_screen()
133 {
134     lcd12864_show_string(0, 0, "民间嵌入式协会");
135     lcd12864_show_char(0, 1, 0x02);
136     lcd12864_show_string(0, 1, "666");
```

图 7.20　显示一个字符串函数程序代码

8）编写显示内容函数,相关程序代码如图 7.21 所示。

```
127        lcd12864_write_data(*string++);
128    }
129 }
130
131 //这个函数的内容就是lcd12864在屏幕上显示的所有内容
132 void lcd12864_show_screen()
133 {
134    lcd12864_show_string(0,0,"民间嵌入式协会");
135    lcd12864_show_char(0,1,0x02);
136    lcd12864_show_string(0,1,"666");
137    lcd12864_show_char(7,1,0x02);
138    lcd12864_show_string(0,2,"菠萝手机制作教程");
139    lcd12864_show_string(0,3,"Good night");
140 }
141
142 void main()
143 {
144    lcd12864_init();            //lcd12864初始化
145    lcd12864_show_screen()      //lcd12864显示
146 }
147
```

图 7.21　显示的内容

9)在 main 函数中调用初始化函数和显示内容的函数完成显示实验。调用初始化和显示函数程序代码如图 7.22 所示。

```
129 }
130
131 //这个函数的内容就是lcd12864在屏幕上显示的所有内容
132 void lcd12864_show_screen()
133 {
134    lcd12864_show_string(0,0,"民间嵌入式协会");
135    lcd12864_show_char(0,1,0x02);
136    lcd12864_show_string(0,1,"666");
137    lcd12864_show_char(7,1,0x02);
138    lcd12864_show_string(0,2,"菠萝手机制作教程");
139    lcd12864_show_string(0,3,"Good night");
140 }
141
142 void main()
143 {
144    lcd12864_init();            //lcd12864初始化
145    lcd12864_show_screen()      //lcd12864显示
146 }
147
```

图 7.22　调用初始化和显示函数程序代码

(2)矩阵键盘及按键显示实验

Ⅰ.编写 LCD12864.h

1)宏定义的程序代码如图 7.23 所示。

```
//宏定义
#define uchar unsigned char
#define uint unsigned int
#define ulong unsigned long
```

图 7.23　宏定义程序代码

2)引脚定义,即定义驱动 LCD12864 需要的引脚,程序代码如图 7.24 所示。

```
//引脚定义
sbit LCD_RS =P0^0;    //cs片选 高电平有效 单片LCD使用时可固定高电平
sbit LCD_RW =P0^1;    //sid数据口
sbit LCD_EN =P0^2;    //sclk时钟
sbit LCD_PSB=P0^3;    //低电平串口驱动,高电平并口驱动
```

图 7.24　引脚定义程序代码

3)编写延时函数,相关程序代码如图 7.25 所示。

```
//延时函数
void delay(uint x)
{
    uint i, j;
    for(i=0;i<x;i++)
    for(j=0;j<110;j++);
}
```

图 7.25　延时函数程序代码

4）编写写命令函数，该函数用于单片机向 LCD12864 发送指令，程序代码如图 7.26 所示。

```
//写命令函数
void write_com(uchar com_data)
{
    uchar i;
    uchar i_data;
    LCD_RS=1;
    LCD_RW=0;
    i_data=0xf8;                        //第一个字节为0xf8表示发送指令
    for(i=8;i>0;i--)
    {
        LCD_RW=(bit)(i_data&0x80);      //强制转化成位，取出最高位赋给SID
        LCD_EN=0;
        LCD_EN=1;
        i_data=i_data<<1;               //每一位从高到低赋给SCLK
    }
    //发送第二个字节（com_data的高四位）
    i_data=com_data;
    i_data&=0xf0;                       //将所发送字节高四位取出，低四位补零
    for(i=8;i>0;i--)
    {
        LCD_RW=(bit)(i_data&0x80);      //强制转化成位，取出最高位赋给SID
        LCD_EN=0;
        LCD_EN=1;
        i_data=i_data<<1;               //每一位从高到低赋给SCLK
    }
    //发送第三个字节（com_data的低四位）
    i_data=com_data;
    i_data<<=4;
    for(i=8;i>0;i--)
    {
        LCD_RW=(bit)(i_data&0x80);      //强制转化成位，取出最高位赋给SID
        LCD_EN=0;
        LCD_EN=1;
        i_data=i_data<<1;               //每一位从高到低赋给SCLK
    }
    LCD_RS=0;
    delay(10);
}
```

图 7.26　写命令函数程序代码

5）编写写数据函数，该函数用于单片机向 LCD12864 发送数据，程序代码如图 7.27 所示。

```
//写数据函数
void write_dat(uchar com_data)
{
    uchar i;
    uchar i_data;
    LCD_RS=1;
    LCD_RW=0
    //写数据操作
    i_data=0xfa;                        //第一个字节为0xfa 11111010表示发送数据
    for(i=8;i>0;i--)
    {
        LCD_RW=(bit)(i_data&0x80);      //强制转化成位，取出最高位赋给SID
        LCD_EN=0;
        LCD_EN=1;
        i_data=i_data<<1;               //每一位从高到低赋给SCLK
    }
    //发送第二个字节（com_data的高4位）
    i_data=com_data;
    i_data&=0xf0;                       //将所发送字节高四位取出，低四位补零
    for(i=8;i>0;i--)
    {
        LCD_RW=(bit)(i_data&0x80);      //强制转化成位，取出最高位赋给SID
        LCD_EN=0;
        LCD_EN=1;
        i_data=i_data<<1;               //每一位从高到低赋给SCLK
    }
    //发送第三个字节（com_data的低四位）
    i_data=com_data;
    i_data<<=4;
    for(i=8;i>0;i--)
    {
        LCD_RW=(bit)(i_data&0x80);      //强制转化成位，取出最高位赋给SID
        LCD_EN=0;
        LCD_EN=1;
        i_data=i_data<<1;               //每一位从高到低赋给SCLK
    }
    LCD_RS=0;
    delay(10);
}
```

图 7.27　写数据函数程序代码

6）编写设定显示位置函数，用于确定文字在 LCD12864 上显示的位置，程序代码如图 7.28 所示。

```
//设定显示位置的函数
void Set_XY(uchar X, uchar Y)
{
    switch(X)
    {
        case 1:write_com(0x80+Y); break; //第一行，第Y字
        case 2:write_com(0x90+Y); break; //第二行，第Y字
        case 3:write_com(0x88+Y); break; //等三行，第Y字
        case 4:write_com(0x98+Y); break; //第四行，第Y字
    }
}
```

图 7.28　显示位置函数程序代码

7）编写写字符串函数，该函数用于单片机向 LCD12864 写入字符串，程序代码如图 7.29 所示。

```
//写字符串
void Write_XY_String(uchar X, uchar Y, uchar *str)
{
    uchar temp;
    Set_XY(X, Y);              //写显示的位置
    temp=*str;                 //用指针将字符一个一个写入
    while(temp!=0)
    {
        write_dat(temp);
        temp=*(++str);
    }
}
```

图 7.29　写字符串函数程序代码

8）编写 LCD12864 初始化函数，该函数用于执行设置光标模式、设置显示格式、清屏等操作，程序代码如图 7.30 所示。

```
//LCD12864初始化
void lcd_init()
{
    LCD_PSB=0;              //选择串口方式
    LCD_EN=0;
    write_com(0x30);       //基本指令操作
    write_com(0x0c);       //开显示，关光标，反白关
    write_com(0x06);       //设置显示格式，光标位置
    write_com(0x01);       //清除显示，将DDRAM的地址计数器归零
}
```

图 7.30　LCD12864 初始化函数程序代码

Ⅱ. 编写 main.c

1）引入相关头文件，程序代码如图 7.31 所示。

```
#include <reg52.h>        //单片机52系列头文件
#include "lcd12864.h"     //已经编写完成的LCD12864.h
```

图 7.31　头文件程序代码

2）进行宏定义，定义矩阵键盘的端口为 P1，程序代码如图 7.32 所示。

```
#define GPIO_KEY  P1        //定义矩阵键盘的端口为P1
```

图 7.32　定义矩阵键盘端口程序代码

3）定义一个变量用来描述按键输入值，一个数组用于存放按键，程序代码如图 7.33 所示。

```
//定义一个变量
u8  KeyValue;
//矩阵键盘的按键数值
u8  aa[]={0, 1, 2, 3, 4, 5, 6, 7, 8, 9, 10, 11, 12, 13, 14, 15};
```

图 7.33 定义变量程序代码

4）编写按键扫描函数，该函数用于判断按下的是哪个按键，程序代码如图 7.34 所示。

```
void  keydown()          //键盘扫描
{
  u8 a;
  GPIO_KEY=0x0f;         //赋值给行
  if(GPIO_KEY!=0x0f)     //检测按键是否按下
  {
    delay(100);
    if(GPIO_KEY!=0x0f)   //再次检测按键是否被按下
    {
      GPIO_KEY=0x0f;     //测试行
      switch( GPIO_KEY)  //多分支选择结构 看是行的那一个按键按下
      {
        case(0x07):KeyValue=0;break;    //第四行按下
        case(0x0b):KeyValue=1;break;    //第三行按下
        case(0x0d):KeyValue=2;break;    //第二行按下
        case(0x0e):KeyValue=3;break;    //第一行按下
      }
      GPIO_KEY=0xf0;     //测试列
      switch( GPIO_KEY)  //判断是列的那一个按键被按下
      {
        case(0x70):KeyValue=KeyValue;break;    //第四列
        case(0xb0):KeyValue=KeyValue+4;break;  //第三列
        case(0xd0):KeyValue=KeyValue+8;break;  //第二列
        case(0xe0):KeyValue=KeyValue+12;break; //第一列
      }
      while((a<50)&&(GPIO_KEY!=0xf0)) //按键检测是否松开
      {
        delay(1000);
        a++;
      }
    }
  }
}
```

图 7.34 按键扫描函数程序代码

5）编写主函数，程序代码如图 7.35 所示。

```
void main()
{
  P1=0X00;               //先给P1端口赋值
  lcd_init();
  Write_XY_String(1, 1, "按键号码是：");
  while(1)
  {
    keydown();           //按键判断函数
    Set_XY(2, 1);
    //0x30s 连续显示 假若没有 则显示成符号
    write_dat(0x30+aa[KeyValue]/10);
    //分两种显示，因为有两位数
    write_dat(0x30+aa[KeyValue]%10);
  }
}
```

图 7.35 主函数程序代码

（3）SIM800C 通信实验

1）在代码中添加头文件，程序代码如图 7.36 所示。

```
#include <reg52.h>
#include <absacc.h>
#include <stdio.h>
#include <math.h>
#include <stdlib.h>
#include <intrins.h>
```

图 7.36 引用头文件程序代码

2）进行宏定义，程序代码如图 7.37 所示。

```
#define uint unsigned int
#define uchar unsigned char
#define Phone_connection  1    //正在打电话状态标志
#define Clear_Connect     0    //电话已挂断状态标志
```

图 7.37　宏定义程序代码

3）进行引脚定义，程序代码如图 7.38 所示。

```
sbit Phone_Call_Key=P1^4;    //打电话按键
sbit Hang_up=P1^5;           //挂电话按键
sbit LED0=P0^0;              //电话通断状态指示灯
```

图 7.38　引脚定义程序代码

4）设立电话状态标志位，程序代码如图 7.39 所示。

```
char Calls_State_Flag=Clear_Connect;    //电话状态
```

图 7.39　电话状态标志位程序代码

5）定义 2 个数组用来存放要拨打电话的 AT 指令和要拨打的电话，程序代码如图 7.40 所示。

```
uchar code ATH[]="ATH";
uchar code PhoneCall[]="此处为所要拨打的电话号码";
```

图 7.40　AT 指令和号码程序代码

6）编写延时函数，程序代码如图 7.41 所示。

```
void delay(uint ms)// 延时子程序
{
    uchar i;
    while(ms--)
    {
        for(i=0;i<120;i++);
    }
}
```

图 7.41　延时函数程序代码

7）编写发送单个字符的函数，程序代码如图 7.42 所示。

```
//发送单个字符的函数
void Print_Char(uchar ch)//发送单个字符
{
    SBUF=ch;          //送入缓冲区
    while(TI==0);     //等待发送完毕
    TI=0;             //软件清零
}
```

图 7.42　发送单个字符函数程序代码

8）编写发送字符串的函数，程序代码如图 7.43 所示。

```
//发送字符串的函数
Print_Str(uchar *str)
{
    while(*str!='\0')
    {
        Print_Char(*str++);
    }
}
```

图 7.43　发送字符串函数程序代码

9）编写串口、定时器初始化函数，程序代码如图 7.44 所示。

```
Ini_UART(void)//串口初始化、定时器初始化
{
        TMOD = 0x20;        //T1方式2,用于UART波特率
        TH1 = 0xFD;         //UART波特率设置:9600
        TL1 = 0xFD;
        SCON = 0x50;        //UART方式1:8位UART;    REN=1:允许接收
        PCON = 0x00;

        TF1 = 1;            // 中断标志位
        TR1 = 1;            // 启动定时器1
        ES=1;               //启动串行口中断
        ET0=1;              //启动中断功能
        EA=1;
}
```

图 7.44   串口、定时器初始化函数程序代码

10)编写挂电话函数,程序代码如图 7.45 所示。

```
//挂电话函数
void GSM_ATH()
{
        Print_Str(ATH);    //发送挂电话指令
        Print_Str("\r\n");  //发送回车
}
```

图 7.45   挂电话函数程序代码

11)编写拨打目标电话函数,程序代码如图 7.46 所示。

```
//打电话函数
void phone()
{
        Print_Str("ATD");
        Print_Str(PhoneCall);   //发送打电话指令+目标电话号码
        Print_Char(';');
        Print_Str("\r\n");      //发送回车
        ES=1;
}
```

图 7.46   拨打目标电话函数程序代码

12)编写主函数,程序代码如图 7.47 所示。

```
//主函数
void main()
{
    Ini_UART();
    while(1)
    {
        if(!Hang_up)    //挂电话按键是否按下
        {
            delay(10);
            if(!Hang_up)    //挂电话按键是否按下
            {
                GSM_ATH();  //发送挂电话指令
                LED0=~LED0;
                delay(2000);
                Calls_State_Flag=Clear_Connect;
            }
            else if((!Phone_Call_Key)&&(Calls_State_Flag==Clear_Connect))
            {   delay(10);
                if((!Phone_Call_Key)&&(Calls_State_Flag==Clear_Connect))
                {
                    phone();    //拨打电话
                    LED0=~LED0;
                    delay(2000);
                    Calls_State_Flag=Phone_connection;
                }
            }
        }
    }
}
```

图 7.47   主函数程序代码

(4)菠萝手机项目

1)引入工程所需的头文件,程序代码如图 7.48 所示。

```
#include <REGX52.H>
#include <stdio.h>
#include "string.h"
```

图 7.48　头文件程序代码

2）进行引脚定义，程序代码如图 7.49 所示。

```
//引脚定义
sbit LCD_RS=P3^4;    //LCD12864指令/数据选择信号
sbit LCD_RW=P3^5;    //读写选择信号
sbit LCD_E=P3^6;     //使能信号
sbit PSB =P3^7;      //8位并行接口, PSB=1
```

图 7.49　引脚定义程序代码

3）进行宏定义，程序代码如图 7.50 所示。

```
//宏定义
#define Buf_Max 70    //串口缓存最大长度
#define UART1_SendLR() UART1_SendData(0X0D);UART1_SendData(0X0A) //换行
#define LCD_Data P2   //LCD显示数据端口
#define u8 unsigned char
#define u16 unsigned int
#define Busy  0x80    //用于检测LCD状态字中的Busy标识
```

图 7.50　宏定义程序代码

4）定义数据，程序代码如图 7.51 所示。

```
int n1, n2, n3;       //显示的位置
int  sum=0;
int  ph[15];          //输入的字符
char CALL_MUN[19];
int i, j, all, num;
xdata u8 Uart1_Buf[Buf_Max];
u8 First_Int = 0;
u8 flag;
u8 tmp;
u8 out;
```

图 7.51　定义数据程序代码

5）进行函数声明，程序代码如图 7.52 所示。

```
//函数声明
void Sendnumber(int h);            //发送数字
void DelayMs(u16 time);            //1ms延时函数
void Delay5Ms(void);               //5ms延时函数
void Delay400Ms(void);             //400ms延时函数
void welcome();                    //欢迎界面
void WriteDataLCD(unsigned char WDLCD);              //等待数据
void WriteCommandLCD(unsigned char WCLCD, BuysC);    //等待命令
unsigned char ReadDataLCD(void);                     //LCD12864读数据
unsigned char ReadStatusLCD(void);                   //LCD12864读状态
void LCDInit(void);                                  //LCD12864初始化
void LCDClear(void);                                 //LCD12864清屏函数
//显示一个字符
void DisplayOneChar(unsigned char X,
    unsigned char Y, unsigned char DData);
//显示字符串
void DisplayListChar(unsigned char X,
    unsigned char Y, unsigned char code *DData);
void Init(void);                   //串口初始化
void ks();                         //开始
void CLR_Buf(void);                //清串口接收缓存
u8 Find(u8 *a);                    //查找字符串
void UART1_SendData(u8 dat);       //串口1发送 1字节
void UART1_Send_Command(char *s);  //命令发送
//AT命令发送
u8 UART1_Send_AT_Command(u8 *b, u8 *a, u8 wait_time, u16 interval_time);
void Refresh_Key(void);            //刷新屏幕、键盘、数据发送数组
void MAKE_CALL(void);              //拨打电话
void ANSWER_Phone(void);           //接听电话
void RING_Off(void);               //挂断电话
void KEY_Display( int Kph, unsigned char code *KDData); //按键运行
```

图 7.52　函数声明程序代码

6）编写 1 ms 延时函数，程序代码如图 7.53 所示。

```
//毫秒级延时函数
void DelayMs(u16 time)
{
    u8 i=0;
    for(;time>0;time--)
        for(i=110;i>0;i--);
}
```

图 7.53　1 ms 延时函数程序代码

7）编写 5 ms 延时函数，程序代码如图 7.54 所示。

```
//5ms延时函数
void Delay5Ms(void)
{
 unsigned int TempCyc = 5552;
 while(TempCyc--);
}
```

图 7.54　5 ms 延时函数程序代码

8）编写 400 ms 延时函数，程序代码如图 7.55 所示。

```
//400ms延时函数
void Delay400Ms(void)
{
    unsigned char TempCycA = 5;
    unsigned int TempCycB;
    while(TempCycA--)
    {
        TempCycB=7269;
        while(TempCycB--);
    };
}
```

图 7.55　400 ms 延时函数程序代码

9）编写 LCD12864 写数据函数，程序代码如图 7.56 所示。

```
//LCD12864写数据
void WriteDataLCD(unsigned char WDLCD)
{
    ReadStatusLCD(); //检测忙
    LCD_RS = 1;
    LCD_RW = 0;
    LCD_Data = WDLCD;
    LCD_E = 1;
    LCD_E = 1;
    LCD_E = 1;
    LCD_E = 0;
}
```

图 7.56　LCD12864 写数据函数程序代码

10）编写 LCD12864 写命令函数，程序代码如图 7.57 所示。

```
//LCD12864写命令
//BuysC为0时忽略忙检测
void WriteCommandLCD(unsigned char WCLCD, BuysC)
{
    if (BuysC) ReadStatusLCD(); //根据需要检测忙
    LCD_RS = 0;
    LCD_RW = 0;
    LCD_Data = WCLCD;
    LCD_E = 1;
    LCD_E = 1;
    LCD_E = 1;
    LCD_E = 0;
}
```

图 7.57　LCD12864 写命令函数程序代码

11）编写读数据函数，程序代码如图 7.58 所示。。

```
//LCD12864读数据
unsigned char ReadDataLCD(void)
{
    LCD_RS = 1;
    LCD_RW = 1;
    LCD_E = 0;
    LCD_E = 0;
    LCD_E = 1;
    return(LCD_Data);
}
```

图 7.58　LCD12864 读数据函数程序代码

12）编写读状态函数，程序代码如图 7.59 所示。

```
//LCD12864读状态
unsigned char ReadStatusLCD(void)
{
    LCD_Data = 0xFF;
    LCD_RS = 0;
    LCD_RW = 1;
    LCD_E = 1;
    while (LCD_Data & Busy); //检测忙信号
    LCD_E = 0;
    return(LCD_Data);
}
```

图 7.59　LCD12864 读状态函数程序代码

13）编写 LCD12864 初始化函数，程序代码如图 7.60 所示。

```
//LCD12864初始化
void LCDInit(void)
{
    WriteCommandLCD(0x30,1); //显示模式设置,开始要求每次检测忙信号
    WriteCommandLCD(0x01,1); //显示清屏
    WriteCommandLCD(0x06,1); // 显示光标移动设置
    WriteCommandLCD(0x0C,1); // 显示开及光标设置
}
```

图 7.60　LCD12864 初始化函数程序代码

14）编写 LCD12864 清屏函数，程序代码如图 7.61 所示。

```
//清屏
void LCDClear(void)
{
    WriteCommandLCD(0x01,1); //显示清屏
    WriteCommandLCD(0x34,1); // 显示光标移动设置
    WriteCommandLCD(0x30,1); // 显示开及光标设置
}
```

图 7.61　LCD12864 清屏函数程序代码

15）编写按指定位置显示一个字符函数，程序代码如图 7.62 所示。

```
//LCD12864按指定位置显示一个字符
void DisplayOneChar(unsigned char X,
    unsigned char Y,unsigned char DData)
{
  if(Y<1)
    Y=1;
  if(Y>4)
    Y=4;
  X &= 0x0F; //限制X不能大于16, Y不能大于1
  switch(Y) {
    case 1:X |=0X80;break;
    case 2:X |=0X90;break;
    case 3:X |=0X88;break;
    case 4:X |=0X98;break;
    }
  WriteCommandLCD(X, 0); //这里不检测忙信号,发送地址码
  WriteDataLCD(DData);
}
```

图 7.62　显示一个字符函数程序代码

16）编写 LCD12864 按指定位置显示一个字符串函数，程序代码如图 7.63 所示。

```
//LCD12864按指定位置显示一串字符
void DisplayListChar(unsigned char X,
    unsigned char Y, unsigned char code *DData)
{
 unsigned char ListLength, X2;
  ListLength = 0;
  X2=X;
 if(Y<1)
    Y=1;
 if(Y>4)
    Y=4;
 X &= 0x0F; //限制X不能大于16，Y在1-4之内
 switch(Y){
    case 1:X2|=0X80;break;  //根据行数来选择相应地址
    case 2:X2|=0X90;break;
    case 3:X2|=0X88;break;
    case 4:X2|=0X98;break;
 }
 WriteCommandLCD(X2, 1); //发送地址码
  while (DData[ListLength]>=0x20) //若到达字串尾则退出
  {
   if (X <= 0x0F) //X坐标应小于0xF
    {
     WriteDataLCD(DData[ListLength]); //
     ListLength++;
     X++;
     Delay5Ms();
    }
  }
}
```

图 7.63　显示一个字符串函数程序代码

17）编写开机串口初始化函数，程序代码如图 7.64 所示。

```
//开机串口初始化
void Init(void)
{
        PCON &= 0x7F;
        SCON = 0x50;
        TMOD &= 0x0F;
        TMOD |= 0x20;
        TL1 = 0xFD;
        TH1 = 0xFD;
        ET1 = 0;
        TR1 = 1;
        ES = 1;
}
```

图 7.64　开机串口初始化函数程序代码

18）编写开机模块初始化函数，程序代码如图 7.65 所示。

```
//开机模块初始化
void welcome()
{
    Delay400Ms();     //启动等待，等LCD讲入工作状态
    LCDInit();        //LCM初始化
    Delay5Ms();       //延时时刻(可不要)
    DisplayListChar(0,1,"BOPPPS有效教学");
    DisplayListChar(0,3,"示范观摩课");
    UART1_Send_AT_Command("*******","OK",2,1200);
    LCDClear();
    DisplayListChar(0,1,"菠萝手机制作课程");
    P2 = 0x00;
    UART1_Send_AT_Command("*******","OK",3,2000);
    UART1_Send_AT_Command("AT+SNFS=0","OK",3,2500);
    LCDClear();
    DisplayListChar(0,1,"请输入手机号码！ ");
    n1=0,all1=0,n2=2,n3=0;
}
```

图 7.65　开机模块初始化函数程序代码

19）编写串口中断服务函数，程序代码如图 7.66 所示。

```
//串口中断
void UART1_ISR (void) interrupt 4
{
    if(RI)
    {
        RI = 0;                              //清除RI位
        Uart1_Buf[First_Int] = SBUF;         //将接收到的字符串到缓存中
        First_Int++;                         //缓存指针向后移动
        if(First_Int >= Buf_Max)//如果缓存满,将缓存指针指向缓存的首地址
        {
            First_Int = 0;
        }
    }
    if(TI)
    {
        TI = 0;                              //清除TI位
    }
    flag=1;
}
```

图 7.66　串口中断服务函数程序代码

20）编写清除串口缓存数据函数,程序代码如图 7.67 所示。

```
//清除串口缓存数据
void CLR_Buf(void)
{
    u8 k;
    for(k=0;k<Buf_Max;k++)        //将缓存内容清零
    {
        Uart1_Buf[k] = 0x00;
    }
    First_Int = 0;                //接收字符串的起始存储位置
}
```

图 7.67　清除串口缓存数据函数程序代码

21）编写判断缓存中是否含有指定的字符串的函数,程序代码如图 7.68 所示。

```
//判断缓存中是否含有指定的字符串
//返回值:1 找到指定字符, 0 未找到指定字符
u8 Find(u8 *a)
{
    ES = 0;
    if(strstr(Uart1_Buf,a)!=NULL)
    {
        ES = 1;
        return 1;
    }
    else
    {
        ES = 1;
        return 0;
    }
}
```

图 7.68　判断是否有指定字符串程序代码

22）编写发送串口数据的函数,程序代码如图 7.69 所示。

```
//发送串口数据
void UART1_SendData(u8 dat)
{
    ES=0;              //关串口中断
    SBUF=dat;
    while(TI!=1);      //等待发送成功
    TI=0;              //清除发送中断标志
    ES=1;              //开串口中断
}
```

图 7.69　发送串口数据程序代码

23）编写发送串口命令的函数,程序代码如图 7.70 所示。

```
//发送串口命令
void UART1_Send_Command(char *s)
{
    CLR_Buf();
    while(*s)//检测字符串结束符
    {
        UART1_SendData(*s++);//发送当前字符
    }
    UART1_SendLR();
}
```

图 7.70　发送串口命令程序代码

24）编写发送 AT 指令的函数，程序代码如图 7.71 所示。

```
//发送AT指令函数
u8 UART1_Send_AT_Command(u8 *b,u8 *a,u8 wait_time,u16 interval_time)
{
    u8 i;
    CLR_Buf();  //先清空接收buffer
    i = 0;
    while(i < wait_time)
    {
        UART1_Send_Command(b);//把指令发出去 会自动添加\r\n后缀的
        DelayMs(interval_time);
        if(Find(a))           //查找需要应答的字符
        {
            return 1;
        }
        i++;
    }
    return 0;
}
```

图 7.71　串口发送 AT 指令程序代码

25）编写刷新键盘、屏幕的函数，程序代码如图 7.72 所示。

```
//刷新键盘、屏幕
void Refresh_Key(void){
    LCDClear();
    Delay400Ms();
    n1=-1;
    n2=2;
    sum=0;
    num=0;
    for(i=0;i<15;i++)
        ph[i]=0;
    n3=-1;
    DisplayListChar(0,1,"请重新输入：");
}
```

图 7.72　刷新键盘、屏幕的函数程序代码

26）编写接听电话的函数，程序代码如图 7.73 所示。

```
void ANSWER_Phone(void){
    char waitcall=0;
    while(UART1_Send_AT_Command("ATA","OK",2,2000)==0 && waitcall < 2)
    {
        LCDClear();
        DisplayListChar(1,1,"接听");
        Delay400Ms();
        n1=-1;
        n2=2;
        sum=0;
        num=0;
        for(i=0;i<15;i++)
            ph[i]=0;
        n3=-1;
        waitcall++;
    }
}
```

图 7.73　接听电话函数程序代码

27）编写拨打电话的函数，程序代码如图 7.74 所示。

```
//拨打电话
void MAKE_CALL(void)
{
    char waitcall=0;
    CALL_MUN[0]= 'A';
    CALL_MUN[1]= 'T';
    CALL_MUN[2]= 'D';
    CALL_MUN[14]= ';';
    for(j=0;j<11;j++)
    {
        CALL_MUN[j+3]= ph[j]+'0';
    }

    while(UART1_Send_AT_Command(CALL_MUN,"OK",1,3000)==0 &&
        waitcall<10)
    {
        LCDClear();
        DisplayListChar(0,1,"拨号中!");
        waitcall++;
    }
    if(waitcall>=10){
        LCDClear();
        DisplayListChar(0,1,"超时");
        DelayMs(500);
        Refresh_Key();
    }else{
        waitcall=0;
        while(Find("+CIEV: \"CALL\",1")==0 && waitcall<30){
        LCDClear();
        DisplayListChar(0,1,"接通中!");
        DelayMs(500);
        waitcall++;
        }
        if(waitcall>=40){
            LCDClear();
            DisplayListChar(0,1,"超时");
            DelayMs(500);
            Refresh_Key();
        }else{
            LCDClear();
            DisplayListChar(0,1,"通话中");
            DelayMs(500);
        }
    }
}
```

图 7.74 拨打电话函数程序代码

28）编写挂断电话函数，程序代码如图 7.75 所示。

```
//挂断电话
void RING_Off(void){
    char waitcall=0;
    while(UART1_Send_AT_Command("ATH","OK",2,2000)==0 && waitcall < 2){
        LCDClear();
        DisplayListChar(1,1,"挂断");
        Delay400Ms();
        waitcall++;
    }
    n1=-1;
    n2=2;
    sum=0;
    num=0;
    for(i=0;i<15;i++)
        ph[i]=0;
    n3=-1;
    LCDClear();
    DisplayListChar(0,1,"请输入手机号码! ");
}
```

图 7.75 挂断电话函数程序代码

29）编写数字符号按键运行函数，串口发送数字，LCD 显示数字，程序代码如图 7.76 所示。

```
void KEY_Display( int Kph ,unsigned char code *KDData){
    ph[n3]=Kph;
    DisplayListChar(n1,n2,KDData);
}
```

图 7.76   数字符号按键运行函数程序代码

30)设置矩阵键盘,程序代码如图 7.77 所示。

```
//矩阵键盘
int KeyScan()
{
    u8 Row=0xf0,Col=0x0f;
    int Key=0;
    P1 = 0xf0;                        //先扫描行
        if ( P1 != 0xf0)
    {
        DelayMs(10);
        if (P1 != 0xf0)
        {
            Row = P1 & 0xf0;
            P1 = 0x0f;
            Col = P1 & 0x0f;          //扫描列
            while((P1&0x0f)!=0x0f);   //等待按键释放
        }
    }
    if ((Row+Col)!=0xff)              //表示有键按下,也可以不判断
    {
        switch(Row+Col)              //根据行列的值确定按键
        {
            case 0x77:Key = 1;break;
            case 0x7B:Key = 2;break;
            case 0x7D:Key = 3;break;
            case 0x7E:Key = 4;break;
            case 0xB7:Key = 5;break;
            case 0xBB:Key = 6;break;
            case 0xBD:Key = 7;break;
            case 0xBE:Key = 8;break;
            case 0xD7:Key = 9;break;
            case 0xDB:Key = 10;break;
            case 0xDD:Key = 11;break;
            case 0xDE:Key = 12;break;
            case 0xE7:Key = 13;break;
            case 0xEB:Key = 14;break;
            case 0xED:Key = 15;break;
        }
    }
    return Key;
}
```

图 7.77   矩阵键盘程序代码

31)编写开始函数,程序代码如图 7.78 所示。

```
//开始函数
void ks()
{
    Init();
     welcome();
    EA=1;
    CLR_Buf();
    while(1)
    {
        num=0;
        num=KeyScan();
        if(flag==1)
        {
            DelayMs(10);
            if(Find("RING"))
            {
                LCDClear();
                DisplayListChar(0,1,"嘀嘀嘀—");
                DisplayListChar(2,2,"—振铃中！");
                Delay5Ms();
                CLR_Buf();
                flag = 0;
            }
        }
        while(num)
        {
            switch(num)
            {
                case 16: KEY_Display(1,"1"); break;
                case 12: KEY_Display(2,"2"); break;
                case 8:  KEY_Display(3,"3"); break;
                case 15: KEY_Display(4,"4"); break;
                case 11: KEY_Display(5,"5");  break;
                case 6:  KEY_Display(9,"9");break;
                case 7:  KEY_Display(6,"6");break;
                case 14: KEY_Display(7,"7");break;
                case 9:  KEY_Display(0,"0");break;
                case 10: KEY_Display(8,"8");break;
                case 5:  KEY_Display(-1,"#");break;
                case 13: KEY_Display(-1,"*");break;
                case 4:  Refresh_Key();break;
                case 3:  MAKE_CALL();break;
                case 1:  RING_Off();break;
                case 2:  ANSWER_Phone();break;
                if(num!=4||num!=2||num!=3||num!=1)
                {
                    n1++;
                    n3++;
                }
                num=0;
                if(n1==8)
                {
                    n2++;
                    n1=0;
                }
            }
        }
    }
}
```

图 7.78　开始函数程序代码

32）编写主函数，程序代码如图 7.79 所示。

```
//主函数
void main() {
    while(1) {
        ks();
    }
}
```

图 7.79　主函数

7.5　本章小结

一个完整的单片机应用系统应包含单片机最小系统、输入设备和输出设备。

单片机应用系统的开发过程包括项目分析、方案制定、电路设计、程序设计、软硬联调、硬件焊接及产品测试。

参考文献

[1]　孙育才, 孙华芳. MCS-51 系列单片机及其应用[M]. 南京: 东南大学出版社, 2019.

[2]　陈朝大, 韩剑. 单片机原理与应用: 实验实训和课程设计[M]. 武汉: 华中科技大学出版社, 2020.

[3]　陈雪小, 曾平红, 于永会. 单片机原理与应用[M]. 长沙: 湖南大学出版社, 2022.

[4]　周国运, 鲁庆宾, 赵天翔. 单片机原理与接口技术(C 语言版)[M]. 2 版. 北京: 清华大学出版社, 2022.

[5]　魏鸿磊. 单片机原理及应用[M]. 上海: 同济大学出版社, 2019.

[6]　李胜永, 李晓峰, 王彪. 单片机原理及应用[M]. 西安: 西北工业大学出版社, 2019.

[7]　王元一, 石永生, 赵金龙. 单片机接口技术与应用(C51 编程)[M]. 北京: 清华大学出版社, 2014.

[8]　于天河, 兰朝凤, 韩玉兰, 等. 单片机原理及应用技术[M]. 北京: 清华大学出版社, 2022.

[9]　李永建. 单片机原理与接口技术[M]. 北京: 清华大学出版社, 2021.

[10]　王海荣, 程思宁. 单片机原理与应用设计[M]. 北京: 人民邮电出版社, 2021.

[11]　张杰, 宋戈, 黄鹤松, 等. 51 单片机应用开发范例大全[M]. 3 版. 北京: 人民邮电出版社, 2022.

[12]　汤嘉立. 单片机应用技术实例教程(C51 版)[M]. 北京: 人民邮电出版社, 2021.